# 克服人性的弱点

## 做个有出息的青少年

王闵◎编著

中国纺织出版社有限公司

## 内 容 提 要

学坏总是那么容易，而要想学好却是难上加难，为了避免自己一不小心走“下坡路”，我们应该时刻警惕自己的行为，努力走向上坡，然后欣赏别样的风景。

本书列举了普通人存在的人性弱点，诸如抱怨、自卑、烦恼以及难以控制的欲望，旨在告诉人们在通往成功的路上，必须克制这些人性弱点，才能行得更远，登得更高。


**图书在版编目（CIP）数据**

克服人性的弱点 / 王闵编著. --北京：中国纺织出版社有限公司，2020.8

（做个有出息的青少年）

ISBN 978-7-5180-7390-0

Ⅰ.①克… Ⅱ.①王… Ⅲ.①人生哲学—青少年读物 Ⅳ.①B821-49

中国版本图书馆CIP数据核字（2020）第076545号

责任编辑：闫　星　　责任校对：韩雪丽　　责任印制：储志伟

中国纺织出版社有限公司出版发行

地址：北京朝阳区百子湾东里A407号楼　邮政编码：100124

销售电话：010—67004422　传真：010—87155801

http://www.c-textilep.com

三河市宏盛印务有限公司印刷　各地新华书店经销

2020年8月第1版第1次印刷

开本：880×1230　1/32　印张：6

字数：109千字　定价：25.00元

# 前言

一个人，不管他有多么伟大，都会存在着这样或那样的弱点，有着自己的软肋。一旦这样的弱点被他人击破，那我们自身将难以成功。而社会本来就充满着诱惑、陷阱，诸如金钱的诱惑、美色的诱惑、名利的诱惑、地位的诱惑、情感的诱惑，等等，我们往往会迷失自己。每个人都有弱点，欲望越多的人弱点也就越多，陷入深渊的可能性也就越大。

在成长的过程中，不断检查自己，不断反省自己，不断管理自己，就会减少自己身上的弱点。在未来的行程之中，我们就会少一些心灵上的纷扰，多一些自在。在人生的道路上，我们会面对各种不同的挑战，但是，我们最大的敌人并不是别人，而是自己，我们更要勇于挑战自我。一旦发现自己的某些弱点比较突出，有可能对自己人生造成破坏影响的时候，一定要紧急刹车，抵制人性弱点，这样我们才能重新上路，走向成功。

抵制人性的弱点，可以有效地管理好自己，而这当然需要极强的自制力，也就是用毅力控制爱好。比如，列宁就是一个自制能力极强的人，他在自学大学课程的时候，为自己安排了严格的作息时间表：每天早餐后自学各门功课；午餐后学习马克思主义理论；晚餐后适当休息一下再读书。本来列宁是很喜欢下棋的，一下起来就痴迷了。后来他感到这太费时间了，毅然戒了棋。当然，这只是一件生活中的小事，如果我们有毅力去改变自己生活中的一些小事，又何必担心不能抵制人性的弱点呢？

一个人想要征服世界，首先要战胜自己。在日常生活中，我们很容易就会陷入自我的泥潭而无法自拔，沾染上一些坏习惯，整个人变得颓废不堪。随时警惕自己的行为，不要让自己踏上贪图享乐之路，无论是欲成大事者，还是一个普通的人，我们都应该学会自制。

编著者

2019年9月

# 目 录

# 第1章

## 心态决定命运，越简单越容易幸福

心态能成就一个人，也能摧毁一个人，因为心态掌控了人的行动和思想，也决定了我们内心是否平静和快乐，心态积极，就会拥有积极的人生。

# 有个好心态，才会有个好人生

何谓心态？简言之，心态就是我们对自己、对他人、对社会、对事情、对问题所持有的看法与观点，就是我们对工作、对事业、对家庭、对朋友、对同事方面的态度。我们的心态如何，往往很大程度上决定着某一阶段的人生走向。好的心态带来好的人生，不好的心态带来不好的人生。

我们可别小看了心态的作用，一个人若总是被一些不良的心态所左右，人生的航船就有可能驶入河沟浅滩，从而失去发展的机会；而一个人若是一生都能保持良好心态，那么，他（她）人生的路就会越走越宽，生命的景色会越来越美，生命的价值会越来越大……狄更斯说："一个健全的心态，比一百种智慧更有力量。"

对女人而言，现代社会对她们的要求更高，既要出得厅堂，又要入得厨房。学业事业的压力，婚姻家庭的压力……种种压力下，拥有一个好心态就显得尤为重要了。很多女人总是忽视心态，觉得心态是很虚的东西，似乎与一个人的财富、地位、成功与否无关。但只要我们静下心来，仔细观察周围每个人的言行举止，就会发现，一个人拥有什么样的心态就会有什么样的行为方式，而行为方式又决定着一个人的人生走向。良好的心态能成就一个人，不良的心态也能毁掉一个人。一个具有高智商的女人，如果没有良好心态做辅助，智商再高也会受到生活的嘲弄。西方一位心理学家说：心态是横在人生之路上的双向门，人们可以把它转到一边，进入成功，也可以把它转到另一边，进入失败。所以智商高不如心态好，只有好的心态才能调动智商向着成功的方向迈进。

曾在创业阶段屡遭困难的一位女企业家表示，当初她所遭遇到的难题，即使实际上只是小小的困难，但后来往往会发展成看来似乎已无法克服的障碍。不过后来她发现，原来自己存有失败主义者的意识，因此往往疏于察觉造成障碍的真相，而障碍实际上并没有想象中那般困难重重。于是，她在公司的办公桌上摆了一个箱子，然后将写有“保持积极心态，一切都有可能”的标志贴于箱上。每当发生难题，或者她的失败主义思想又开始作祟时，她便把有关难题的文件或书面资料投掷于此箱中。待一两天后，再把这些文件取出，此时奇妙的事情发生了。据她形容：“当我从箱中取出这些文件时，任何难题看来一点也不觉得困难了。”把“我不相信失败”大声朗读，直到这个想法完全进驻你的潜意识为止，之后这个企业家果真逐渐找到了从商的感觉，将她的小公司逐渐发展成了大企业。

也许你要说每个人都有自己的命运，都有自己既定的轨迹。然而在很多情况下，你是否快乐，是否幸福，是否有一个好心态，却会左右你的人生，同样面对逆境，拥有好心态的人，就能成就完美人生，看到“柳暗花明又一村”。我们大部分人，都只拥有普通的工作，既没有官员们的风光，也没有商人们的富有，更没有明星艺人们的光环，可既然从事了这份工作，那么就应该千方百计地从中发现它的价值，它的美丽。

宋代诗人苏东坡可谓是才华横溢，诗情满怀，可他的一生充满了坎坷，用他调侃自己的话说，是“问汝平生功业，黄州、惠州、儋州”。他的一生，被不停地贬谪到各处，可他无论到哪里，都能发现生活的美丽，他的那些略带几分诙谐戏谑的词句反而成了流传至今的佳句，耳熟能详。林语堂称他为“不可救药的乐天派”，乐天，正是一个女人拥有好心态的关键。

没有人是一帆风顺的，没有人一生风平浪静，生活总是充满坎坷，如何面对坎坷却因人而异，而面对坎坷的不同态度就决定了不同的人生，你是否快乐就决定于此。

聪明的人，只有好心态，才能成就美好人生，调整好自己的心态，真诚地面对身边的一切人与物。在自己小小的心里，放着自己的同时，也装下别人，装下父母、丈夫、孩子、朋友，这样就会活得更充实自在，更踏实幸福。拥有好的心态，不抱怨、不懒散，勤快一些，积极一些，慢慢地，你会发现自己拥有了一种朝气，一种力量，让跟你在一起的人感受到你身上的活力。有活力，八十而不老；无活力，二十也不年轻。

每一个人都向往幸福，常常有女人问，怎样才能拥有幸福？做什么工作最幸福？嫁个什么样的人最幸福？其实幸福来源于自身，来源于你的心，独立、平和、感恩、善良、宽容、坦然，拥有了这些，无论一个女性从事什么职业，家庭是否幸福，孩子是否出色，她的眼神都会清澈，神情都会自信，她的生活会因此充满柔美的乐章，周围的人都喜欢与她在一起，感受她带来的愉悦气息。这样的女人怎会不幸福呢？聪明的女人，要拥有一个好心态，用细腻的心去感知生活的点滴，怀抱感激，自然会拥有一个完美人生！

## 思路左右心态，心态改变命运

快乐的人未必天生拥有所有好事，而是他满足于自己已有的一切；幸福的人并不一定一直都是心想事成，而是用积极的心态对待生活。其实，决定一个人命运的关键就是“心态”。有位伟人曾说：“要么你去驾驭生命，要么是生命驾驭你。你的心态决定谁是坐骑，谁是骑师。”不要哀叹，不要丧气，人生并非是一种无奈，而是可以通过主观努力去把握和调控的，心态就是调控人生的控制塔。有什么样的心态，就会有什么样的生活和命运。

世界上每天每个角落都在上演各种剧目，生活中总是会有各种各样的事情发生，没有人能预料明天会发生什么，但可以用良好的心态做人生的指挥官，相信自己才是自己命运的主宰。

有两个三十岁的女人，是大学同学，有一天在马路上碰到了。其中一个B说：“哎哟！你怎么变成这个样子了，脸色这么难看？你心情不好吗？”另一个A说：“我苦死了！我离婚了。我这辈子彻底完了！”“啊？你离婚了？你不知道吧，我也刚刚离婚。”“是么，你也离婚了。那我看你还兴高采烈的样子。”“为什么不高兴啊！我终于冲出围城了，我终于自由了！我要好好过我自己的日子！”

同样是离婚，但对待离婚的态度却大相径庭。对同一个事情不同的态度也是很正常的，但随着时间的流逝，她们的情况在慢慢地发生着变化，最后导致了不同的人生命运。那个A认为自己是天底下最倒霉的女士，离婚之后可能三四天缓不过劲来，也没有去上班，她痛恨那个让自己失去爱和家庭的男人，整天以泪洗面。家人同事刚开始都好心好意劝她，她一点听不进去，还很敏感，觉得大家都在笑话她，不关心她。本是好意却换来尴尬和无趣，也就没有人再理她、再劝她了。心情不好，工作业绩自然也就下来了，不久领导要给她调部门，她心想领导是落井下石，就生气地辞职了。

而另一个B，离婚之后觉得从未有过的轻松，她感到终于可以按照自己的想法过日子了。离婚后的第三天，就邀请她的同事、同学、朋友到她家里聚会，大家无拘无束，喝茶、聊天，多开心啊！心情好，工作也积极，好多事她都抢着干。

“出差？我去！”领导说：“真是不好意思，你已经出差三四次了。这次就算了，还是叫别人去吧。”她却说：“没事儿，他们都拖家带口的，有孩子，有家庭，我光棍一个，还是我去吧！”同事感谢她，领导感激她。人缘好，态度好，开朗、热心又阳光，客户也越来越多了，业绩更是逐步提高。业余时间，她还自费参加MBA学习，并顺利地拿到学位证书。隔三差五，约朋友一道去健身房锻炼锻炼身体，活得越来越精神了。

十年过去，已是公司副总经理的她，有一天和那个自认倒霉的A又在街头见面了。自认倒霉的女人A说：“哎哟，你怎么越活越年轻了，看起来还是三十来岁！”“你还好吗？怎么头发白了这么多？”A于是又开始诉苦：“是啊，十年前我就给你说，我这辈子彻底完了。你看看我多倒霉，我这辈子真的完了。”B笑着说：“没那么严重。我十年前也跟你说过，离婚了，我可以更好地过属于自己的生活了。你看，我也没有说错吧！”

同样的遭遇，不同的心态造就了完全不同的人生。积极的心态就像太阳，无论走到哪里，无论身在何处境，都能照亮自己，并给他人带去温暖与快乐；消极的心态就像寒冬的月亮，看着也觉得凄冷萧条。心态可以使天堂变成地狱，也可以使地狱变成天堂。你是想通向天堂还是地狱呢，全在你自己的心态。一副好心情才能欣赏到好风光，你的内心如果是一团火，那你就能释放出光和热；你的内心如果是一块冰，那即便有外力促使你终于融化坚冰，你的心、你的生活也还是维持零度。

我们总是说，什么环境造就什么样的人生，而这里所说的“环境”，其实指的是面对环境时的心态。播下一种心态，收获一种思想；播下一种思想，收获一种行为；播下一种行为，收获一种习惯；播下一种习惯，收获一种性格；播下一种性格，收获一种命运。你看，就好像一个连环锁一样，心态最终决定的是命运。聪明的女人，一定会把命运掌握在自己手里，所谓宿命与他人，都不是造成不幸的真正原因，一切症结都可以从自己身上找到原因。聪明的女人不会只让自己看起来美丽，还会培养良好的心态。主宰自己的人生，承受生活的种种压力，并有勇气挑战各种困难和挫折。

无论一个人多么有能力，如果缺乏好的心态，就什么事都做不成，良好心态的能量是巨大的，也是动力产生的源泉。有了它，我们就能把握自己的命运，在人生的道路上勇往直前！

## 有什么样的心态，就会有什么样的人生

世间万事万物，就好像一个硬币的正反面，你从正面看它，它是一个样子，你从反面看它，它又是另一副模样。正面抑或反面，积极还是消极，全取决于你的心态，你的想法。好的心态可使人快乐、进取、有朝气、有精神，消极的心态则使人，灰心，沮丧、难过，失去主动性。心态往往就是一把双刃

剑，你认为自己是什么样的人，你就将成为什么样的人。烦恼与欢喜，成功和失败，仅系于一念之间，这一念就是由心态产生出的一刹那的决定。一件事情的成败往往取决于我们如何看待它。有些人总是容易太过感性，感情的天平稍微一偏，就走向了敏感脆弱。聪明的人，要达到的最高境界就是遇事保持一颗平常心，近似无所谓的心态，温柔如水、大智若愚，这样便能成事。

心态是内心的想法，是一种惯性的思维状态。荀子说“心者，形之君也，而神明之主也”，指的是“心”乃身体的主宰、精神的领导。可见心态对一个人来说是多么的重要，就好似一把双刃剑，用得好，所向无敌；用得不好，则伤到自己。

从前，有一户人家，父亲是小偷，母亲是妓女。他们生了两个儿子，很小的时候，父亲就进了监狱，母亲一直都喝得烂醉如泥，然后回家。两个兄弟长大之后，哥哥在自己的专业领域成绩非凡，成为地方上的名人。而弟弟，却走上了父亲的道路，偷鸡摸狗，最终也进了监狱。

一个记者非常好奇这两兄弟的事，于是就去采访哥哥。记者问：“您从小生活在这样恶劣的家庭环境下，请问您，如何才能取得这样的成绩呢？”哥哥听完记者的问话，沉思良久，叹了口气，“我有这样的父母，你说，我能怎么样呢？”记者听完哥哥的话，觉得很有道理，于是记了下来。记者又到了监狱去采访弟弟，他问弟弟：“你能从你的家庭环境讲一下，你为什么走上今天这条道路吗？”弟弟听完记者的问话，沉思良久，叹了口气，“我有这样的父母，你说，我能怎么样呢？”

同样的环境，同样的理由，却造就了两个完全不同的人生结局。究竟是什么造成这么大的差别呢？答案是心态，看当事人如何定义自己的环境，如何定义自己的当下与未来。不好的出生，弟弟将其定义为人生的失败，并确定自己也只能过失败的人生；而哥哥却没有，反过来，他自强不息，从恶劣的处境中力求上进，用乐观与勇气去改变自己人生。

心态这把双刃剑与人的一生紧密相连，不可分离。一个有积极心态的人往往会有更多积极健康的情绪，表现到生活中，就是勇敢地面对人生，乐观地相信，阳光总在风雨后。

我们读书求学时，一旦取得好成绩，受到老师、家长的夸奖时，我们就会感到高兴，觉得世界真美好，然后就愈加努力，成绩就越来越好；而当我们成绩下降时，就会忍不住感到忧愁，烦躁，再看一切东西都觉得黯淡无光了，而如果此时没有把握好心态，则很容易一蹶不振。

事业上也是如此，心态好则万事总能迎刃而解，心态不好的人，则心浮气躁，天天忙乱，总是捅篓子。而在家庭中，拥有好心态就更为重要了，心态好不好很大程度上决定一个家庭的氛围是否和睦愉快，在家庭成员的相处中，心态的双刃剑作用就体现得更为明显了。

心态这把双刃剑是那么神奇，有时使人精神焕发，干劲倍增，有时又让人浑身无力。比如，我们常看到的在运动赛场上，运动员会在观众的助威声中超常发挥，创造出自己从未有过的成绩，但有时也会因为一个小小的失误变得萎靡不振，把本来唾手可得的金牌让给了别人。再放眼生活，公园里晨练的老人们大多是鹤发童颜，性格开朗乐观；而长期卧病在床的人则多是整日焦虑不安，长吁短叹。

心态是一把双刃剑，好的心态能充实我们的内心，给我们的体力和精力注入能量，提高我们的活动效率，让我们在为人处事中发挥出最好水平，同时心情舒畅，豁达开朗，健康长寿；而不好的心态则使人无精打采，心里空落落的，反应迟钝，判断能力下降，抑制我们的活动能力，降低我们的自控能力，做出一些使我们颓靡、甚至后悔的事，从而继续引起生活和心理的一系列变化，影响自己的身心健康，影响我们的一生。

聪明的人，生活总是五彩缤纷的，有顺境也有逆境，但从来不会怨天尤人，对生活失去信心，因为心态这把双刃剑在他们身上体现的是好的一面，聪明人拥有好心态，而这样的好心态带来勇气、信心和力量，让他们摒弃了冲动、懦弱、忧郁与绝望。面对心态这把双刃剑，你就是持剑手，你要用它来为自己的前路披荆斩棘，还是伤害自己，全在你如何把握、如何去掌控它。

# 拥有积极的心态，才会拥有简单的生活

每个人都随身携带着一件看不见的法宝，它的一面写着“积极心态”，另一面写着“消极心态”。一个拥有积极心态的人并不是否认消极因素的存在，而是他知道不能让自己沉溺于消极之中。心态积极的人总是心存光明远景，即使身陷困境，也能以愉悦的态度走出困境，迎向光明。拥有积极的心态，能使懦夫成为英雄，能让人从心志柔弱变为意志坚强。在人的本性中，其实存在一种倾向：我们把自己想象成什么样子，就真的会成为什么样子。诚然，在看待事物时，我们要辩证地看，既看到好的一面，也看到坏的一面，但要强调好的方面，就会产生良好的效果。

拥有积极心态的人，心中有光明有太阳，总是能改变逆境，甚至创造奇迹。而只有消极心态的人，有时问题并没有那么严重，却被他自己扩大到好几倍，自己折磨自己，却于事无补。

京城某肿瘤医院一段时间里接连死了两个癌症患者，这使医院的气氛显得压抑而沉重。许多住院病人情绪低落，有的茶饭不思，有的不肯打针吃药。负责这些病人的主治医生很着急，连忙向心理医生求助。

心理医生做了细致深入的调查，他发现很多病人都认为癌症是绝症，无药可治，故此伤心失望。于是，心理医生针对他们消极的心理编了一套“不必伤心”的劝说词：

“癌症并非不治之症。患了癌症有两种可能：一种是早期患者，一种是晚期患者。早期患者可以根治，你不必伤心。晚期患者也有两种可能：一种是经过治疗可以治愈，一种是一时未能治愈但还能活上几年。可以治愈的当然不必伤心，能够再活几年的也有两种可能：一种是今后随着医学技术的发展可使症状缓解，存活期延长；一种是到时确实医治无效而死。存活期延长的不必伤心，医治无效嘛也不必伤心，因为你已经死了，还有什么可伤心的呢？”听到这里，病人们“扑哧”一声笑了起来。于是，笼罩在病房里的阴霾就这样被驱散了。

很多时候，我们就是因为钻牛角尖，把问题想得太悲观而看不到其积极的一面，从而给自己增加了不少烦恼。其实，与其痛苦哀叹，不如放松心情，想办法解决问题。放松你的心，把心态放平，用一颗积极的心去改变现状，也许一段时间之后，你会发现所有问题都已经迎刃而解。

生活中我们会遇到许多次低潮，高考失利，参赛落马，情场失恋，婚姻不顺……如果一味忧愁，则只会让这些不快成为生命中难以承受的负荷。要去除这些不快，就要摆正心态，怀抱积极的心态，用积极的行动去改变现状，在这个过程中找回自信和力量。

有两个故事，说的就是不同的心态带来的不同结果。

第一则：在推销员中，流传着这样一个故事——两个欧洲人到非洲去推销皮鞋。由于天气炎热，非洲人向来都是打赤脚。第一个推销员看到非洲人都打赤脚，立刻失望起来："这些人都打赤脚，怎么会要我的皮鞋呢？"于是放弃努力，失败而归。另一个推销员看到非洲人都打赤脚，惊喜万分："这些人都没有皮鞋穿，皮鞋市场大得很呢！"于是想方设法，引导非洲人购买皮鞋，最后发大财而归。

第二则：有个叫塞尔玛的好陪丈夫驻扎在一个沙漠的陆军基地里。她常常一个人留在陆军的小铁房子里，天气炎热，没人聊天，而当地的土著居民也不懂英语。她非常难过，于是写信给父亲，说要丢开一切回家去。她父亲的回信只有两行，却完全改变了她的生活："两个人从牢房的铁窗望出去，一个看到泥土，一个却看到了星星。"塞尔玛一再读这封信，好像读懂了什么。于是她开始和当地人交朋友。他们的反应使塞尔玛非常惊奇：她对他们的纺织、陶器表示兴趣，他们就把他们最喜欢但舍不得卖给观光客人的纺织品和陶器送给了她。在那里她研究那些引人入迷的仙人掌和各种沙漠植物、物态，观看沙漠日出，研究海螺壳，发现这些海螺壳是十几万年前、这沙漠还是海洋时留下来的……原来难以忍受的环境变成了令人兴奋、流连忘返的奇景。一念之差，使她把原先恶劣的情况变成了一生中最有意义的冒险，并为此写了一本书，以《快乐的城堡》为书名出版了。她从自己的"牢房"里看出去，终于看到了星星。

"人世难逢开口笑，不如意事常八九。"一帆风顺只是人们心中一种美好的期待，忧愁烦恼，作为自然的心理反应，在所难免，但切不可沉溺其中。聪明的人要尽快调整心态和情绪，采取积极的行动来改变现状，改变已遭破坏的生活。在失去改变生活的勇气之前，拿出行动来。当你从困境中走出来，再回头看时，会发现当初似乎要压垮你的困难，不过是一片乌云而已。你会庆幸自己及时地调整了心态，采取了行动。不然，你可能还在那里唉声叹气，而境况也许一点改变也没有，甚至随事态拖延，变得更糟。

拿破仑·希尔说，心态在很大程度上决定着我们人生的成败，一个人如果心态积极，乐观地面对人生，乐观地接受挑战和应付麻烦事，那他就成功了一半。

聪明的人，拿出积极的心态吧，无论你现在身处何境，用积极的心态和积极的行动，去改变现状，幸福一定属于你！

## 放下面子，保持平和的心态

面子，来源于虚荣之心，于是我们就自然而然成了爱面子的典型。很多人，看到别人买了贵重的首饰或者漂亮的衣服，就不顾自己的经济财力，也去买；或者看到别人家老公做生意赚了多少钱，就整天在自家发牢骚，强迫家里那位也去做生意；甚至在小孩子读书上，也带着一颗虚荣心，在那里暗暗较劲，他家小孩子读的是名校贵族学校，我家小孩子怎能落后？……但凡是人，总免不了小心眼和爱慕虚荣，而这两点都是造成爱面子的症结所在。

著名作家福楼拜在小说《包法利夫人》中，描述了一个叫爱玛的女人，一生毁在爱虚荣爱面子上。爱玛，是一个农家的女儿，在修道院受过贵族式的教育，读过许多浪漫主义色彩的小说，整天活在幻想中，期待浪漫高雅的爱情。于是一个看起来有身份的医生——包法利·查理，成了爱玛的丈夫。然而所期待的爱情并没有到来，包法利既无才能，又无雄心，举止没有半点风度可言，谈吐和人行道一样平板，于是爱玛开始瞧不起当乡镇医生的丈夫，整日梦想传奇式的爱情。然而命运弄人，她的第一个情人是道德败坏的乡绅，第二个情人是自私懦弱的文书。她的偷情没有为她带来幸福，倒给投机商带来了可乘之机，使她成为高利贷者盘剥的对象，最后她债积如山，无法偿还，丈夫的薄产早已被她挥霍殆尽了，情人不肯伸出援助之手，她在山穷水尽走投无路的情况下，只好服毒自杀。她本来可以有一个平凡幸福的家庭，一个爱她的丈夫，只因为她不切实际的浪漫追求而把一切毁灭掉了。在她临死的时候，虽有一丝留恋她的丈夫和女儿，但她更期待快点离开喧嚣的人世，去天国。也许只有那一刻她做到了无牵无挂（她从没真正牵挂过她的女儿和丈夫，牵挂的只是她的爱情)，只希望早点结束她痛苦的生命。

包法利夫人就是因为爱慕虚荣而爱面子的典型，为了虚荣的华丽，为了构筑心中虚荣的爱情梦，而超出自己的经济能力去布置自己的生活，以至于最后无力偿还债务，只能走上一条不归路。女人爱面子，总归是因为放不下那颗虚荣的心。其实大可不必，幸福不是简单地来自锦衣华服，不是简单地来自金银珠宝，真正幸福的女人，其实未必多有钱、出身多好，也许她们衣着朴素，也许她家徒四壁，但是整个人、整个家一定都是看上去清清爽爽、干干净净的，她们脸上洋溢着发自内心的笑容，这种笑很踏实很真诚。这种女人就是最聪明的女人，她们不为一个不实在的“面子”而弄糟自己的生活，弄糟自己的心态，她们按照自己的步骤自己的实际情况来安排生活，结果，最幸福的就是这种女人。

还有一种人，爱面子是表现在倔强上。工作上不管多难的事，不管是否在自己能力范围之内，为了逞一时之强，就都答应下来，硬着头皮做，结果事情太多太忙太难，反而没做好。生活中，也不愿示弱，觉得示弱就没了面子，什么都能做的样子，于是让男人望而生畏：这么强的女人，要我做什么呢，我还是找个弱一点的吧。甚至于恋爱中，明明是自己犯了错，自己心里也知道是自己无理取闹，为了面子，就是不肯认错，死活要闹到男孩子认错才高兴。而男生就算这下子认错了，其实心里也不痛快，为以后的感情危机埋下了伏笔。

女孩子倔强，有时候很可爱，让人感觉与众不同，甚至让男生产生小小的征服欲，愈加喜欢。但是，过犹不及，太过倔强，就不是可爱了，而是十三点，头脑拎不清。这种情形的“爱面子”，也要不得。聪明女人，会做人会做事，待人接物总是讲究个恰到好处，自立自强，但是又不逞强，做不来的时候就温柔地示弱，犯错误了就乖巧地认错，于是大家都爱帮助她，男朋友也觉得她不仅可爱而且明理。

爱面子，大概已经是人类的通病了，很多人别的缺点没有，但是爱面子的毛病，却大抵会有一点，尤其是女人，不管是太过虚荣，还是太过倔强，总是会沾上一星半点爱面子的毛病。而由于爱面子，却左右了自己的心态，让本来宁静甜美的女人心，变得急躁轻浮。因为爱面子而左右了自己的心态，是多么不值得！

聪明的人，莫让面子左右你的心态。人与人之间原来只有微小的差异，但这种微小的差异却往往造成巨大的差异。爱面子和不爱面子，看似只是心态上的小问题，形成长期习惯以后，就会造成生活际遇的巨大差异。哪个人不渴望幸福呢？而为自己寻找幸福的可靠的办法之一，就是竭尽全力摆正心态。心态不对，幸福就躲你；心态好了，幸福自然来临。从现在开始，不要再去在意那些莫须有的面子，不要在意旁人的眼光，养成不爱面子的习惯。习惯是生活的累积，长此以往，你就会发现你曾经认为多么重要的面子也没什么不可放下的，那时，你会看到幸福已经悄悄降临。

# 第2章

# 人生的意义，在于不断超越自己

在这个世界上，最了解你的人就是你自己，我们人生中最大的敌人同样是自己。一切困难都源自我们的内心。当你明白了所有的折磨和障碍全部是由自己造成时，才会真正地克服它、战胜它。只要战胜了自己，就跨过了你人生中最大的栅栏。面对人生中那些不可避免的痛苦和折磨，我们要学会正视自己的心灵，不断清扫心灵的灵台，这样才会让自己更清醒、更坚强，才会得到更多欢乐和喜悦。

## 你最大的敌人，是自己的心

恐惧源自于想象，折磨源自于内心。一个人内心的屈辱感、对现实的恐惧以及对未来的绝望，更能从精神上折磨一个人。世界上很多自杀的人是诗人、画家、哲学家，并不是因为他们面对了更多生活的磨难，而是由于他们拥有一颗敏感地感知折磨的心。内心不敏感，不足以捕捉生活中的异相从而成就作品；内心过于敏感，则容易感知到痛苦、折磨，更容易厌世、轻生。

著名诗人食指曾写下《相信未来》一诗，尽管他生活在那个特殊的年代，但依然对未来充满无限希望，他相信历史不会被永远扭曲，他终于等来了生命中的春天。在他的另一首诗《我从冰天雪地中走来》中，他写道："人生就是场冷酷的暴风雪，我从冰天雪地中走来。"他描绘了自己面对折磨的心路历程："化雪时冷得令人出奇地清醒，清醒明白得叫你说不出话来，哆嗦得下齿止不住地磕碰上牙，乖乖顺从了大自然作出的安排。雪化后的泥泞使你向前迈一步都一身大汗却是寸寸相挨。"少有诗人有这样的勇气，他敢于直面惨淡的人生而不逃避，因为他内心坚韧、对未来充满无限希望。

折磨分为两个方面，一方面是你肉体、心灵实际受到的折磨；另一方面是你的内心对这种折磨的感知程度。我们内心的屈辱、恐惧、绝望就是一个放大镜，它会让你受到的实际折磨无限扩大，直到无法承受。一个人最大的敌人就是自己，最大的折磨，就是内心的感知。这并不是要我们麻木无知，而是要我们锻炼心理的承受能力。既然折磨是我们人生中不可缺少的一部分，那就让自己享受折磨，在折磨中变得更加坚强，更加沉着和成熟，从而收获更加丰富多彩的人生。

因此，面对折磨，我们首先要有宽广的心胸。俗话说："心底无私天地宽。"只有拥有宽广的心胸，我们才能够更加客观地看待生活中的折磨，知晓它是每个人的人生中必定要经历的，且是不可缺少的，我们就能够更加坦然地去面对它。

心胸宽广的人不会执着于眼前的折磨困境，他们的视域更宽广，他们心里装的不仅仅是个人的利弊得失，而是着眼于所有人生命中的磨难。那么，相对于所有人的磨难来说，自己受到的折磨只不过是过眼云烟罢了。耶稣身受钉十字架之苦，想的却是用自己的痛苦担起天下人的罪孽。因此，他丝毫不以为痛，不以为苦。很多革命先烈也以解除天下百姓的痛苦为己任，即使把牢底坐穿也丝毫不能动摇他们的决心。革命先烈瞿秋白被捕以后，虽然身陷囹圄，依然为看管他的狱卒的母亲治好了缠绵已久的病。这样宽广的心胸，怎么可能为个人的一点得失，受到的一点折磨而心灰意懒，以为人生无望呢？

今天，平凡如我们，虽没有救国救民的大志，但也不要以自己为中心，受到一点磨难委屈，就以为世界末日降临，感觉生活黯淡无光，人生再无意义。让心胸宽广一点，再宽广一点，就会更加从容淡定，少受外界折磨的影响。

其次，还要有坚强的意志。孟子说："天将降大任与斯人也，必先苦其心志，劳其筋骨，饿其体肤，空乏其身……"老天考验我们正是要赋予我们以大任。如果我们在折磨中能够保持乐观的心境，磨炼更加坚强的意志，那等到大任到来的那一天，我们才会更加从容淡定、沉着应对。如果我们一直待在安乐窝里，那么，大任降临时，我们就会感到无所适从，面对大任中的困难我们就会退却，失去成大事的基本素质。所以，我们要直面折磨，锻炼更坚强的意志。

现在的很多年轻人，心理承受能力差，意志薄弱，有一点挫折就心灰意懒甚至轻生，这是不可取的。毕业于哈工大的25岁青年孙丹勇，曾在深圳富士康科技集团担任保管一职。2009年7月底，孙丹勇保管邮寄的16部iPhone样机少了一部，他因此受到保安科的调查，调查中受到非法搜身、拘禁。当时他难以承受巨大的精神压力，不能忍受屈辱而跳楼自杀。固然，孙丹勇的自杀是因为保安科的非法羞辱、折磨，但同时也说明了他的心理脆弱。如果他能够顶住压力，向警方报案，相信迟早有真相大白的一天。那时，不但能够还自己清白，自己的事业也会因自己的沉着冷静以及敬业而更上一层楼。即使此事不了了之，最坏的结果也就是离开公司，另寻工作，再开创一片新天地，也没什么大不了的。因此，我们平时就要有意识地磨炼自己的意志，增强自己的心理素质，在面对挫折时，才会更加坚强，才能顶住生活、事业中的磨难以及人生中的风暴；当大任来临时，我们才能从容面对，成就大业。

最后，无论何时都要心存希望。顾城在他的诗中写道："黑夜给了我黑色的眼睛，我却用它来寻找光明。"我们要知道，无论遇到怎样糟糕的境况，都要对未来存有美好的希望。希望给我们勇气，给我们力量；对于光明的渴望，对于未来的期盼能够让我们在面对折磨时，更加勇敢。

南非前总统曼德拉曾经有过18年的监狱生活经历。那时，他是一名重点政治犯，每天都要在罗本岛监狱的采石场做苦工，在持枪看守的监督下拼命搬运石头，动作稍慢就有被毒打的可能，一旦越过采石场的边缘，就会被无情地射杀。并且因为石灰石在阳光的照射下，有极强的反光性，以致他的视力逐渐下降。然而，就是在这样非人的折磨下，他却向监狱长提出了在监狱的院子里开辟一片菜园子的要求，经历了无数次的否决，5年之后他终于实现了愿望。正是那一片菜园和菜园中的番茄给了他和监狱中的犯人、狱警们无限的希望，使得监狱中囚犯和狱警们的关系逐渐和谐起来。

拥有一颗乐观、充满希望的心灵，即使身处磨难重重的牢狱，也能够开垦出人生的伊甸园。而曼拉德的菜园，就是他们希望的载体。有了对未来的希望，我们就能对苦难甘之如饴。

总之，不管生活给了我们多少折磨，我们都要用充满阳光的心对待它。只要我们拥有宽广的心胸、坚强的意志、乐观的精神，就能够笑着面对任何苦难和折磨，就能把折磨我们的地狱变成天堂。不要再让狭隘的心灵折磨我们，不要再让脆弱的意志向苦难投降，只要我们拥有广阔、坚强的内心，就能够战胜世俗的折磨，走向人生的辉煌。

## 不逃避，坦然面对困难

如果我们惧怕人生中的磨难，不敢面对现实，那我们的人生中就只剩下了“逃避”。鲁迅先生曾说：“真正的勇士敢于直面惨淡的人生。”我们也要学会面对现实。生活中充满了磨难和陷阱，这个世界不是完美的，有它黑暗的一面，我们要敢于承认这样的现实，但要对这个世界充满希望。这样，我们才能更客观、更冷静地对待折磨。不哭泣，我们才能跌得有尊严，才能够在跌倒中迅速爬起，寻找光明，寻找我们人生的意义。

面对磨难，逃避没有任何意义，也没有任何结果。磨难是一个软弱的行刑者，如果你哭泣着躲避，它反而折磨得你起劲，它喜欢看人们哭泣、求饶、哀号、投降。相反，你咬紧牙关，无畏地迎上去，它反而会觉得这种折磨很没意思、很无聊，甚至会被你的无畏镇住、吓住。也许它会选择放过你，也许你会继续受到鞭打，不过这种鞭打迟早会结束，你会在这种鞭打中赢得尊严、赢得敬佩、赢得铮铮铁骨。

生活常常强加给我们很多不尽如人意的事，与其哭着躲避，不如笑着面对。“生活中，不如意之事十之八九”，那如意就只剩下一二，我们要常想一二，才能够苦中作乐；我们要笑面八九，才可能把这杯苦酒吞下去。生活这杯酒，苦、辣才是它的主味，只有在慢慢回味中才有一丝丝的甘甜，但只要你喝下它，腹中就会升起一股暖意，帮你抵挡外界的风寒。

古时候，有很多避世的文人们，他们不满强权，隐于山林，避得有智慧、有风度，值得崇拜，却不能够效仿。“阮籍猖狂，哭穷途于末路”是说阮籍常常驾车远行，一直走下去，直到没有路可走了，就会坐在路的尽头，大哭一场，以表示对世情的愤慨。他的好友嵇康，因为不满司马氏专权，退隐山林，以打铁为生，司隶校尉钟会想结交嵇康，轻衣肥乘，率众而往。嵇康与向秀在树荫下锻铁，对于钟会不予理睬。等候很久也没有回应后，钟会准备离开。嵇康开口问：“何所闻而来，何所见而去？”钟会回答：“闻所闻而来，见所见而去。”从此二人结下仇隙。嵇康对权贵的不屑，也为他的死埋下了隐患。还有鼎鼎大名的五柳先生陶渊明，不肯为五斗米向无知小儿折腰，于是辞官归故里，写出了《桃花源》这样的传世佳作，为历代文人所向往。他们的避世，是因对现实官场的不满，是一种积极逃避，这样的逃避和那些消极自杀逃避生活是完全不一样的。这样的逃避，是对官场的厌倦，却不是对生活的逃避。他们热爱生活，热爱普通的民众，只是不满当时统治的黑暗。因此，嵇康有《广陵散》传世，陶渊明有“采菊东篱下，悠然见南山”的名句。这样的热爱生活，不喜强权、不屑强权也不畏强权就是生存的大智慧，与那些消极逃避有天壤之别。

对于平凡的我们来说，不喜欢职场，回家种地去；不喜欢商场，打工为生去；而不喜欢官场，隐居山林去就是一个笑话。我们没有那样的环境，更没有那样的资本，时时想着隐退，就是一种幼稚的想法。每个人都有不喜欢的人，不喜欢的事，不喜欢承受的世情，但我们只有执着地面对它们，才能成就大的人生。

人人都会受世情、受心灵的煎熬，都会在不同的时期遭到不同的打击和折磨。不同的是勇敢的人用笑容去面对它，事情不一定能得到解决但也不会更坏；软弱的人用哭泣来面对它，但哭泣不能解决任何问题；懦弱的人，用厌世来逃避，不但事情不能解决，可能还会面对更糟的结果。

面对折磨，我们可以笑，那我们就是生活的勇士；我们也可以哭，那我们就是生活的弱者。但我们不能选择逃避，因为那就是生活的懦夫。面对生活中的磨难，我们都会郁闷，都会痛苦，笑着面对的勇士毕竟不多，因为我们都是平凡人，我们有哭的权利，但我们没有逃避的必要。面对痛苦，我们虽都有逃避的本能，但也都有承受的能力。生命中，没有不可承受的折磨。俗话说："没有受不了的罪，却有享不了的福。"我们不要轻易向痛苦投降，因为我们的生命可以承受的比我们能够想象的还要多。我们也不要恐惧，因为恐惧不会给我们带来任何益处。面对生活中的痛苦折磨，我们要尽量无惧无畏、坦然面对，这样我们的心灵才会更强大；战胜自我，我们才能成为真正的勇士和智者。

逃避现实是没有用的，无论你怎样逃避，现实都不可能改变，它会随时随地地纠缠着你。"抽刀断水水更流，借酒消愁愁更愁。"正像我们无法把水流截断一样，我们同样无法把生活中的折磨、痛苦消灭掉，唯一的办法就是去面对它、解决它。无论你今天是失业了，还是在工作中遭到了排挤、打压，输给了对手；抑或是生活中，爱情遭遇了挫折，你的内心都会遭受折磨、煎熬。如果你惧怕这种煎熬，这种锥心的痛苦，而借酒消愁，麻痹自我，逃避现实，那么你就是真正地输了。我们要做的就是让自己从自我麻痹中迅速地清醒过来，让这种锥心之痛来锻造我们，战胜自我，提升自我。学会更多的处世技巧，重新追求光明的生活。

面对生活中的磨难，我们不妨像高尔基诗篇中的海燕一样，高喊一声："让暴风雨来的更猛烈些吧！"这才是真正的勇者。

# 为梦想努力，为明天奋斗

在《钢铁是怎样炼成的》一书中，主人公保尔·柯察金说道，“人最宝贵的就是生命，生命对于每个人来说只有一次。人的一生应该这样度过：回首往事，他不会因为虚度年华而悔恨，也不会因为碌碌无为而羞愧。”一个人最糟糕的就是庸庸碌碌地度过一生。

庸庸碌碌这个词，包含着两层含义。庸庸，指平庸的，没有目标，或有目标无计划地生活；碌碌，指忙忙碌碌但是碌碌无为，整天都在忙，没有闲暇，却没有成果，没有作为。那么庸庸碌碌都有哪些表现呢？第一，没有人生目标，即所谓的无事忙；第二，没有生活热情，乐趣少；第三，对生活控制能力差，常常陷入空虚之中。

你经常感到疲惫吗？你经常对自己的未来感到迷茫和不知所措吗？你在工作中感觉不到乐趣吗？你经常陷入空虚和绝望吗？你经常陷入杂乱无章的冥想吗？你做事没有章法，经常陷入混乱吗？如果你感到每天都有做不完的事，但每一件事，却都没有明显的成果，那么，你正在过一种无效或是低效率的生活，也就是庸庸碌碌的生活。

事实上，我们中的很多人都在过这样的生活。你对未来有明确的规划吗？你每天都有计划地做事吗？你对自己的工作是了然于胸，有条有理地进行的吗？你很享受自己现在的生活，并且努力追求更好的生活吗？不！我们中的大多数人都不能够做到，或者做得都不够好。正如同你想增加财富、留住财富，就要学会理财、学会有计划地花钱一样。如果你想要自己的人生更加充实，更加有意义，永远朝着更加美好的方向前进，你就要学会打理自己的生活。

那怎样才能拥有充实的生活呢？

第一，专注于自己的目标，有计划地做事。

没有目标，就等于没有前进的方向，没有方向，即使你有再好的快马，储备了再多的资本，也会离你的目标越来越远。不能专注于自己的目标，就如同一匹马，一会儿向东走，一会儿向西跑，永远不能到达目的地。

有一个刚刚毕业的学生，他很喜欢摄影，于是进了一家报社当记者，尽管他的摄影水平并不是很好，但凭着他对于文字的敏感，领导决定试用他，并要求他在摄影技巧方面多多练习。因为刚刚毕业就找到了如此好的工作，他很得意，于是又托同学找了一份短信编辑的工作，接着开始准备考研资料，却把领导要求锻炼摄影技巧的事忘在了脑后。短短的试用期很快过去了，报社最终没有录用他。他感到无比后悔，此时，他才明白自己最想要的其实是做一个出色的记者。目标的迷失让他早早尝到了人生的苦果。

除了要有明确的目标以外，我们还应该有计划地做事，才能避免整天忙忙碌碌，却没有成果。我的一个朋友，决定在星期天打扫卫生。于是他开始整理书桌，整理过程中发现自己的楼梯扶手也脏了，就扔下书桌，去擦扶手。擦到一半，又发现自己应该从擦玻璃开始……结果一天过去了，他的屋子还是又脏又乱，丝毫看不出整理过了。而我的另一个朋友恰巧相反，他做事之前，就会规划一下应该怎样做才会既节省精力，又有条不紊。如果他决定打扫卫生，他就会首先整理，然后擦洗，最后清扫，一整套事做下来，处处有章法、有秩序，从来不混乱，结果他总是花最少的时间，做最多的事。

有目标、有计划地做事，能够节省我们的精力，使自己始终处于有规律的生活之中，避免因无事忙而落入庸庸碌碌的生活俗套。

第二，有一份自己喜欢、并且努力为之奋斗的工作或事业。

无论我们是在为别人打工，还是有自己的事业，只要对工作热爱，都能够让我们的生活更充实、更有意义。每个人都喜欢玩乐，但我们要清楚，人生的意义不是在娱乐中体现出来的，而是在你为世界做出的贡献中体现出来的。热爱工作可以使我们感到更充实、更快乐。一个人除了吃饭睡觉，大部分的时间都在工作，如果你不喜欢自己的工作，就等于大部分时间处在折磨、痛苦之中。如果对工作没有热情，就不可能有成效，更别说成就大业。热情洋溢地工作，并在工作中获得乐趣和进步，是我们充实生活的关键。

第三，有生活情趣，有一个和自己有共同爱好的伴侣。

这是每个人都追求的生活。对生活中的所有事都有极大的兴趣，会享受人生，就不会陷入空虚和绝望，不会陷入无意义的混乱冥想。

很多人都说日子无聊，情绪郁闷。如果我们看看孩子们在尽情地玩耍，少女们充满生气和阳光的笑脸，我们就会让自己高兴起来。常常带着好奇和兴奋的目光观察生活，我们就会发现很多惊喜，人生就会充满乐趣。

第四，有自己的追求。

一个人对于事业、对于更加美好的生活的追求，是一个人努力的动力。只有拥有了这样的动力，我们才会充满活力。有些人总是对任何事都提不起兴致，提不起精神，是因为少了一点对于真诚、美丽、财富、光明的追求，所以才会委靡不振、有气无力。

恋爱中的人，通常都会神采奕奕，那是因为对于爱情的追求使他们快乐。任何时候，做一个有理想、有追求的人，都会让你的生活更加生机勃勃。

有悲、有喜、有巅峰、有低谷、有痛苦、有喜悦才是人生。尽管这样的人生并不完美，尽管有时我们不得不承担很多的折磨，遭遇很多的磨难，但只有这样的人生才是真实的，才是充实的。

一个人最糟糕的就是无风无浪、庸庸碌碌地度过自己的一生。宁愿遭受折磨，也要有所作为，这才是大丈夫。

## 传递正能量，每天都是新的开始

面对折磨，我们只有站起来，才能够有机会修正自己所犯的错误，减轻内心的悔愧，才能够从折磨中解脱出来。

不管给我们造成麻烦、痛苦的原因是什么，我们总能够从自己身上发现一些事实的或想象出来的错误。这些错误使得我们内疚、悲哀，甚至陷入绝望。我们也许都曾被内疚和忧患击倒过，我们有种种逃避折磨的办法：借酒消愁，操起毫无意义的嗜好或者无精打采地转悠，消磨时光。而这些只能是任自己沉浸在痛苦中无法自拔。只有重新振作起来，我们才能够摆脱痛苦和折磨，修正自己犯过的错误；如果我们无法修正，就要尽量弥补错误带来的后果。那怎样开始我们的第一步，从而一步步摆脱折磨呢？

首先，结束毫无意义的逃避，反省自己的错误。逃避，是我们麻痹自己的一种方式，在这样的麻痹中，我们会失去自我，变得浑浑噩噩。只有结束这种麻痹，我们才能够变得清醒，只有直面那种锥心的痛苦，我们才会振作起来。痛，会刺激我们跳起来，也会让我们更清醒地认识到自己的错误。只有清醒着，我们才能重新站起来，重新开始新的生活。

其次，摆脱痛苦，结束折磨。要想驱赶痛苦，并不是很容易的事，但只有我们挥剑斩断自己的烦恼痛苦，才能够无牵无挂地继续前行。

怎样摆脱痛苦呢？可以尝试一下下面几种方法。

第一，学会向别人倾诉，宣泄自己委屈、内疚的情绪。

向人倾诉是从痛苦中解脱的好办法，通常当我们陷入了悲伤之时，找一个知心好友来倾诉自己的心事，要比在孤独中自己舔舐伤口更能够摆脱哀伤。聊天可以让我们快乐，向一个可以推心置腹的朋友倾诉痛苦，则可以让我们有松一口气的感觉。

我有一个朋友李某，是一个喜欢独自承担痛苦的人，他信奉的原则是，你可以不高兴，但请不要把这种情绪传染给别人。但是，生活中他并不快乐，朋友们也不是很喜欢他。一次，他遭受了巨大的打击，很长时间无法从痛苦中解脱出来。于是，一个朋友建议他去看心理医生，他拒绝了，因为他不喜欢把自己的隐私透露给陌生的人。于是那位好友说："如果你相信我，向我诉诉苦吧。"李某一边喝酒一边向朋友尽情地发泄悲痛，尽管朋友一句劝慰他的话也没说，但他感到自己好像放下了一个大包袱，轻松了很多。这样的倾诉，却并没有给朋友带来任何烦恼，相反，他们更友好亲密了。印度诗人泰戈尔曾说："与朋友分享痛苦，痛苦就变成了半个；和朋友分享快乐，快乐就变成了两个。"倾诉痛苦不但让我们宣泄了负面情绪，而且能够让我们与朋友间的关系更亲密。因为所有人都喜欢坦诚的朋友，倾诉痛苦，正是一种坦诚的表现，是重视别人的表现。如果你已经不能承受麻烦所带来的心理折磨，那么向朋友倾诉吧，那是你摆脱痛苦的开始。

第二，到接近于你以往生活的地方去，倾听新生的声音。

许多人曾陷于极度迷茫的困境中，这时不妨回到接近于你以往生活的地方，能够得到意想不到的欢乐和力量。很多人在受挫时，都喜欢故地重游。比如，有人高考失利了，如果能回到当初学习的教室，就能回忆起很多求学时美好的情景，就会重新燃起斗志，为复读备战。从而摆脱了痛苦，重新站了起来。

第三，回到众人中间去。

如果害怕别人的嘲笑甚至同情会刺伤我们的自尊，我们的确需要孤独。但我们也要适时地放弃孤军作战，回到众人中间去。在众人中间才能感受到现实世界的美好；从别人热情的鼓励中，我们能够收获力量；在热爱生活的、乐观的人们中间，我们会感染快乐的力量，恢复重新生活的勇气。重新生活的路最终要通过我们与别人的亲密关系和共同努力才能获得，回到众人中间去，是唯一一条和他人建立共同努力关系的道路。

如果你能做到这些，就能够很快地摆脱痛苦、结束折磨。折磨结束之后，我们要开始新的生活，那么从什么地方开始自己的第一步呢?

第一，从原谅自己和别人开始。

原谅自己的错误，如果用自己的失误来惩罚自己，是不明智的。不要责备别人对你做的事，别人对你的伤害，如果是你应得的，你就要从中学到一些东西；如果是你委屈承受的，就要忘掉它。宽容自己并原谅他人，是我们重生的第一步。

第二，从修正自己的错误、弥补自己的过失开始。

如果我们能迅速地修正自己的错误，就会减轻自己后悔的心理。如果，错误是不可改正的，它已经造成了很严重的后果，我们就要试着从其他方面弥补自己的过失，减轻愧疚之情。曾有一位经理，因为自己的过失，给公司造成了很大的损失。虽然没有人埋怨他，但他依然陷入了痛苦之中，直到他为公司做出了另一项贡献，才止住自己的愧疚之情。改正自己犯下的错误，弥补自己的过失可以减轻我们的心理负担，使心灵得到安慰，重拾生活的勇气。

第三，从最简单的事做起。

因为我们刚刚遭受了巨大的痛苦，曾经遭遇的困难会影响我们重生的热情，让我们更加惧怕站起来。

为了重燃这种热情，我们要从最简单的事做起，才能一步步坚定自己的信念，重新站起来，走出去。一个人成年后突然失明了，于是他陷入了绝望，直到他遇见另一个失明的人对他说道："哦，你可以从自己洗袜子开始。"简单的事，可以增加我们的信心，有了开始的几步，你就会在重生的路上走得更稳、更远。

有开始，才有机会修正错误、弥补过失。如果今天我们依然沉浸在痛苦和折磨中，那么，从现在开始，就摆脱痛苦、重新开始生活吧！这会让我们获得弥补自己过失的机会，如果我们没勇气站起来，就会一直沉浸在犯错的内疚中。让我们勇敢地摆脱困境，重新来到生活的正常轨道上来吧。

## 所有的磨难都是恩赐

体验折磨的痛苦，才能体会到获得的喜悦。这句话让我想起了一则小故事。

一个男人，有了一份小小的事业，于是，面临了很多诱惑。他决定与交往了七八年的女友分手。他开始寻找女友的缺点：个子高大，一点也不懂温柔，甚至脸上还有一颗碍眼的黑痣。打定了主意，于是他去车站接女友回来。时间一点一滴地过去了，他没有接到女友，却听到了一个令人震惊的消息，她所在的那个山城，下了场很大的暴雪，导致一辆客车出了车祸。他顾不得危险，马上去了那个城市，找到了收容车祸伤者的医院。结果，他没有找到她。痛苦折磨着他的心，他不禁想起了她以前种种的好：总是默默地支持着他的工作；他有胃病，她一定要让他吃早餐，甚至为他学会了煮豆浆。“她为什么不是那个只擦伤了一点皮的女人，为什么不是那个断了腿的女人，甚至为什么不是那个成为了植物人的女人？”如果她还活着，他一定好好对她，让她成为最美丽、最幸福的新娘。她甚至在电话中还暗示着他们的婚礼，自己却因为犹豫，没有正面回答她。此刻他的心里充满了悔恨。

然而，不久他接到了她的电话，因为暴风雪，她留在了一位同学家中，因为山里面信号不好，她没能及时打电话给他。巨大的重新获得的喜悦冲击着他的大脑，他握着话筒，泪流满面。最后他们幸福地生活在了一起。

如果没有那场车祸，如果没有失去的折磨，男人永远不知道自己有多喜欢自己的女友，永远不知道珍惜自己所拥有的幸福。

对于我们来说也一样，只有体会到折磨的痛苦，我们才更能体会到获得的喜悦，才更能珍惜自己的成果。生来富足，没有经历过磨难的人，即使获得了巨大的成功，也不会感觉到无比的喜悦。因为，第一，他觉得一切都是理所当然、顺理成章的，顺境没有让他体会到成功必须付出的艰辛。第二，没有磨难作对比，没有体会到折磨的痛苦，没有心理落差，喜悦感就没有那么强烈。

事实上，有这样幸运的人，实在是少见。人们通常都是经过一番折磨、一番痛苦才能够收获成功。正所谓"不经一番寒彻骨，哪得梅花扑鼻香"，只有经历了生命中的冬天，经历了生活无情的磨砺，才知道成功的不易，才能体会到获得的喜悦。

唐僧取经，历经九九八十一难才取得真经。有人说，那只不过是神话。事实上，唐玄奘从中国陕西，徒步到印度去，经历的艰难险阻、困难折磨，只会比神话中多，不会更少。他要穿越危险的丛林、干旱的沙漠，古代的交通不发达，他绕了很多弯路，历经了很多坎坷，才到达印度，把印度佛法带到中国来。与此相似的，还有著名的鉴真大师，他八次渡海，才到达日本。一次在海上遭遇风浪，导致他的一双眼睛失明了。在日本大昭寺中，受万人敬仰的鉴真大师，不是平白无故才会得到敬重的。因为他历经磨难把中国先进的佛法和建筑文化带到了日本，因为他是坚强意志和善良本性的化身。

事实上，我们要获得成功，历经的艰难不会比他们多。因为，社会越来越进步，我们的条件越来越优越，只要我们坚持奋斗，就更容易获得成果。但是我们也要看到，随着社会的进步，人们更加清醒，大家都在追逐成功、追求卓越，竞争也越来越激烈。商人要争取大生意，几年前就要开始准备，打通人际脉络，收集情报，训练人员，事事争先。而为争取更好的职位，职员们更是加倍努力修炼自己，比能力、比关系、比做事效率，人人争先。在这样的竞争环境中，我们要想出人头地，也不是随便就可以做到的。在这过程中，谁更有远见卓识、更有智慧，谁更早行一步，谁在面对折磨时更加冷静、清醒，更早站起来，谁就能比别人有更多优势，就能更快到达人生的巅峰。

人生中有很多苦难，但所有的苦难中，几乎都藏匿着成长和发展的种子。在欢喜状态时，人们通常不会自我反省，也没有上进心。相反，在苦恼挫折的折磨中我们反而会经常进行自我反省，不断进步，超越自己。因此，我们更易在忧患中得到进步、得到成功，而这才是真正的幸福和快乐的开始。

因此，没有磨难，就意味着没有进步。你没有进步，别人却在不断进步中，你就会离成功越来越远。因此，磨难的痛苦，反而意味着获得的喜悦。我们要欢迎这种磨难，享受这种磨难，就像享受收获一样。

俗话说“饿了吃糠甜如蜜，饱了吃蜜蜜不甜”，有了痛苦折磨的对比，收获的喜悦才会更加显著。如果我们一直沉浸在喜悦之中，反而不能够体会到成功带来的成就感、快乐感，我们的快乐就会打折。

人生总是先苦后甜，“宝剑锋从磨砺出，梅花香自苦寒来”。没有磨砺的痛苦，没有苦寒的折磨，甚至连自然界都会失去它的魅力。明白了这个道理，我们就会更乐意体验折磨的痛苦，体会进步、收获带来的快乐。有苦有乐，才是人生；有失有得，才能成就大业。

# 第3章

# 人生需要勇气，才能塑造内心的强大

生活从来都是喜忧参半的，每个人都笑过，任何人都哭过。但是哭过之后，我们必须学会重新站起来，学会在眼泪的背后成长。在人生的旅途中，有哭有笑，重要的是我们应该如何直面哭与笑的生活，掌握好自己的命运。

# 成功的背后是泪水和汗水

命运是一个人一生所走完的路，是一个人用一辈子所完成的作业。许多人认为，命运是天注定的，是不可以改变的。但是，智者说，命运不过是人生的方向盘，驶往哪个方向掌握在每个人自己的手中。当然，一个人要想改变自己的命运，就需要有思想、有想法，因为命运的轨迹是由想法铺筑的。

哲人说："要么你驾驭生命，要么生命驾驭你，你的心态决定你是坐骑还是骑手。"那些驾驭了生命的人，他们就像《老人与海》里的那位老人一样，可以被消灭却不可以被打败。在成长的道路中，不要去想是否能够成功，既然选择了远方，就只顾风雨兼程。命运的敲门声已经响起，那么，我们就要用自己的手扼住命运的咽喉。

高三那会儿，我整天为成绩而忧愁，站在密密麻麻的成绩表前，我连哭泣的力量都没有。残酷的现实就像一把锤子，把我的理想敲得粉碎。同学劝我，或许报考艺术学校会是进入大学殿堂的一条捷径。但是，那高昂的学费，对我们这个普通的工薪家庭来说，可望而不可即。前面的路无法选择，在命运面前，我不得不服输。那些日子就似凤凰涅槃前的锤炼，像个梦魇，又好似生命的断层。

在一个周末，父母硬是拉着我去爬山。那时，九月的山林艳阳高照，而平时很少运动的我疲惫不堪。走到了半山腰，我实在走不动了，气喘吁吁地举手投降。父亲转过身来，对我说：“走不走，决定权在你的手上，然而，你知道吗？并不是你走不下去，而是你自己早认了输。”

接着，父亲让我张开手，指着掌心那些纵横交错的纹路说：“命运在你自己的手中，不是分数，更不是高考。”我打量掌心，看见那所谓的生命线、事业线，然后，紧紧地又紧紧地握住了拳头。这一次，我没有认输，我一口气登上了山顶。一览众山小，站在山顶，我的心中感到一种云开雾散的释然，顿时豁然开朗。

原来，命运藏在思想里，躲在心灵里。

一个不轻言放弃的人，世间所有的困难都会为他让道。那些轻言放弃的人，无疑是自己打败了自己。在这个世界上，我们不可以被任何人打败，除了自己。或许，我们不能改变际遇，却可以把握自己；我们无法预知未来，却可以把握现在；我们不能延长生命的长度，却可以拓展生命的宽度。把命运交给自己，我们就是命运的主人。

命运掌握在自己手中，这个世界上的任何事情，都不会有捷径。因为，上帝在给予你成功的同时，也会给你的成功之路制造坎坎坷坷的绊子，如果畏惧了，也就跌倒了，你便会和成功失之交臂。相反，如果你能坦然面对这些坎坷，不屈不挠地向前走，成功之门就会为你敞开。

一个生活庸碌的人去拜访禅师，他问禅师："你说真的有命运吗？"禅师回答说："有的。"他问："是不是我命中注定穷困一生呢？"禅师让他伸出他的左手，指给他看说："你看清楚了吗？这条横线叫作爱情线，这条斜线叫作事业线，另外一条竖线就是生命线。"然后，禅师让他跟着自己做了一个动作：手慢慢地握起来，握得紧紧的。

禅师问："你说这几根线在哪里？"那人迷惑地说："在我的手里啊！"禅师笑了，继续问："那命运呢？"那人终于恍然大悟，原来命运是在自己的手里，而不是在别人的嘴里。

禅师用短短的几句话、一个动作就解决了至今许多人一直没有弄明白的一个问题。培根说："不容否定，一些偶然性常常会影响到一个人的命运——如长相漂亮、机缘凑巧，以及施展才能的机会等；但另一方面，人的命运也往往是由自己掌握的。'每个人都是自身的设计师。'"

在生活中，我们经常听到的是这样的说法：人的命天注定，生不逢时，命运不济等。这样一些对命运的悲观论调在不少人的脑子里已经根深蒂固了，他们好高骛远，仰人鼻息，最后，他们只能成为命运的坐骑。所以，放平心态，从一木一石做起，做好自己的事，走好自己的路，自己救自己，才能改变自己的命运。

# 人活得现实点，路还很长

阿法朗诗曾说："我坚持我的不完美，它是我生命的真实本质。"生活中，大多数人所梦想的人生太理想，他们终生都在寻找最"理想"的人生。然后，日子就在这种寻找中如白驹过隙般流走了。与其追求理想的人生，不如把握眼下真实的生活。

理想人生是一座心中的宝塔，你可以在内心中向往它、塑造它、赞美它，但是你万万不可把它当作一种现实存在。因为太理想的人生，往往会失去它的真实性，而你最终只会陷入无法自拔的矛盾之中。人生本是真实的、简单的，而偏偏有许多人对生活的幻想超出了生活本身，假意装点生活，希望生活变得如同橱窗里的塑料花一般，十全十美。孰料，那塑料花只是装饰品，它没有生命，自然不具备真实，虽然，它看起来很精致，但少了花香，少了露珠，缺乏生物应有的生气，更缺少生命经历之后的真实。

一个总是郁郁不得志的人，找到了智者，他向智者诉说自己的遭遇和无奈。

智者听了他的诉说，沉思良久，舀起一瓢水，问："这水是什么形状？"那人摇摇头："水哪有什么形状？"智者不语，只是将水倒入杯中，那人恍然大悟："我知道了，水的形状像杯子。"

智者没有说话，他又把杯子里的水倒入了旁边的花瓶，那人顿悟："我知道了，水的形状像花瓶。"智者摇摇头，轻轻提起花瓶，把水倒入一个盛满了沙土的盆里，水一下子溶入了沙土，不见了。智者低头抓了一把沙土，叹道："看，水就这么消逝了，这也是人的一生。"

听了智者的话，那人陷入了沉思，良久才说道："我知道了，你是通过水告诉我，社会处处就像一个个不规则的容器，人应该像水一样，盛进什么容器就是什么形状。"智者笑了，说道："是这样，也不是这样。很多人都忘记了一个词——滴水穿石。"

那人大悟："我明白了，人可能被装于各种不规则的容器，但也能像这小小的水滴，改变着坚硬的石头，直至穿破。为人处世就像水一样，能屈能伸，既要尽力适应环境，也要保持本色，活出自我。"

追求理想的人生是人类正常的渴求，同时，也是人类最大的悲哀，因为现实生活中"理想"这个字眼的诞生原本就伴有"缺憾"与之对应。在这个世界上，并不存在太理想、太完美的事物，如果你一味地把追求理想的茧一层一层地套在身上，那么，你最终也将会困在这重重的包裹之中。永远不要将生活理想化，否则，你将陷入无法自拔的矛盾之中，最后也只能在哀叹中终老而死。

一位刚做了整形手术的女人一边打量镜子中的自己，一边埋怨道："你并没有对我的面孔做太大的改变。"医生说：

“你的面孔本来就只需稍作改变，问题是你使用面孔的方式错了，你把它当作一个面具，用来遮掩你的真实感觉。”

女人伤心地低下头：“我已经尽最大的努力了，每天我到学校的时候，都像戴着面具，极力想表现出最好的一面，把所有的感情都隐藏起来，只留下我认为正确的一部分，但是，孩子们总是嘲笑我。”

医生说：“孩子们嘲笑你，是因为他们已经看出你一直在演戏。作为一名教师，并不一定非要表现得十全十美，偶尔也可以表现得愚蠢一点，学生仍然会尊重你。拿掉你的面具，你会更喜欢你自己。”

美不是伪装，而是真实的释放。真实的东西总会打动人，就像那些花儿，虽然它会凋零，可是我们还是喜欢它，因为它是真的。而那些假花，即使再好看，人们也一样不喜欢。生活中，假象因为缺乏真实的基础而原形毕露，唯独真实才永远相伴。真实是一种客观事实，是事物的本质属性，是人们对于事物感知后的一种理性的思考。

当然，追求理想、完美的人生并不是错误，但前提条件是你必须踏实。抛去心中的烦躁，不要好高骛远，踏踏实实，一步一个脚印，领悟生活背后的真实，你才能领悟到生活的真谛，而生活的真谛就在于真实。许多人忽视了生活的可塑性、真实性，他们所谓的理想已经被极端化了，因为缺少了真实，生活便成为了一潭死水。

# 不计得失才能一身轻

孟子曰："鱼，我所欲也；熊掌，亦我所欲也。二者不可兼得，舍鱼而取熊掌也。生，我所欲也；义，亦我所欲也。二者不可得兼，舍生而取义也。"人生漫漫路上，我们总是面对着得与失的艰难抉择，得与失就如同一对生死兄弟，我们只能选择其一，有得必有失，有失必有得，这就是哲理所在。其实，在很多时候，我们没有必要去计较得失，只要你怀着一颗感恩的心，珍惜眼前的生活，那么，你将获得更多。

有人说："世间最珍贵的是'得不到'和'已失去'。"人们用尽了一辈子去验证这句话，可到了迟暮之年，他们才发现：原来，世间最珍贵的不是"得不到"和"已失去"，而是现在能把握的幸福。流年似水，人生苦短，世界上的许多人，固执地为了追求自己得不到或已经失去的东西，而放弃了眼前唾手可得的幸福，这是多么不值得啊！

有一个朋友，婚姻已经走过十个年头了，其间经过的磕磕绊绊、风风雨雨自然是不必提，多少次横眉冷对，多少次咬牙切齿，多少次都在怀疑能否并肩到最后。

有一次，夫妻两人在路上目睹了一场意外的车祸，由于货车司机疲劳驾驶，汽车冲进了路旁的山沟里，满车的货物碎成了一堆残片，而驾驶室里的三个人已经血肉模糊，甚至无法看清容颜。这起车祸发生过了六个多小时，死者的身份依旧无法确认。

忽然之间，夫妻俩有了醒悟：平日争吵的内容无外乎都是一些鸡毛蒜皮的小事，而造成的结果却是互相埋怨，甚至是恶毒的咒骂。见了如此惨景，难道不该庆幸自己还活着吗？不该庆幸自己有一个温馨的家庭吗？难道不应该互相珍惜吗？

从这以后，依然清贫的小家庭却充满了欢声笑语。

世事变幻莫测，祸福旦夕谁也无法预测，唯有珍惜眼前的幸福。如果你常常抱怨自己失去的太多，那么，不妨豁达一些，珍惜眼前，你就会发现，自己所拥有的，并不比别人少。

人的幸福感永远都是在比较中存在的。似乎幸福通常是不易感觉到的，而我们感觉到的常常是不幸福。一个人可以健康地呼吸，他会认为这是最自然的事情，但是，如果忽然有一天，他生病了，才会明白自由的呼吸是一件多么幸福的事情。其实，他没有得到什么，也没有失去什么，但是，经历过之后往往会更懂得珍惜眼前的生活以及自己所拥有的一切。在生活中，我们拥有健康、自由、亲情、友情，这些都是极大的幸福，但是，我们在拥有它们的时候，并不知道珍惜。内心欲望的驱使，使得我们想获得更多的东西，其实，我们得到的已经很多，只是不懂得珍惜而已。

一个学生向苏格拉底请教，世界上什么东西最宝贵。苏格拉底没有直接回答，他领着他去访问了一个在河边晒太阳的人。年轻人向老人提出了同样的问题。老人颤颤巍巍地站了起来，羡慕地盯着年轻人容光焕发的脸庞说：“在我看来，世间再没有什么东西比青春更宝贵了。瞧，你拥有青春多么好！可惜，青春对每个来说只有一次，我不可能再拥有它了！”

他们一路访问下去，那些拥有权力的人渴望友情，精神压抑的人渴望快乐，门庭若市的人渴望宁静……人们的回答尽管各不相同，但有一点却是很相似：那些最宝贵的东西，都是已经失去和即将失去的东西。

这时，苏格拉底说：“孩子，世界上的许多东西其实都是十分宝贵的。当我们拥有它的时候浑然不觉，而一旦失去它，便感到它的宝贵了。所以，我们应该学会珍惜，珍惜我们所拥有的。”

学会珍惜，这四个看似简单的字组合在一起，却变成了一个意义宽广的话题。大海广阔无垠，因为它珍惜每一条小溪；群山连绵巍峨，因为它珍惜每一块砾石；树枝繁叶茂，因为它珍惜每一缕阳光。人生在世，有许多需要珍惜的东西，但是，人们往往在拥有时不懂得珍惜，在失去之后，才会想到珍惜，但为时已晚。

朋友最喜欢木棉花，因为它有美好的花语——珍惜眼前的幸福。身患重病的人会觉得健康是一种幸福，骨肉分离的人会觉得合家团聚是一种幸福。许多在雨夜中赶路被淋得浑身湿透的人都有过这样的感受，当他走进一家亮着灯的小店铺时，一碗热汤给人的幸福感往往是刻骨铭心的。为什么一定要等到失去才学会珍惜呢？人生总有得失，我们需要学会珍惜。懂得珍惜，这样才会使我们的生活多几分美满，少几分遗憾，多几分幸福，少一些痛悔。

## 生活的意义在于把平淡的瞬间过得有诗意

在生活中，总是有很多人觉得不快乐。也许，他们已经很有钱，不愁吃不愁喝，不会再为了一件漂亮的衣服因囊中羞涩而犹豫；或许，他们已经事业有成，家庭幸福。但是，他们对人生却有另一种感悟：人生太平淡了，快乐不常在。

快乐是一种愉悦的精神感受与心理体验，诸如食物、居所、金钱、荣誉，都是人们追求快乐的手段，但这些并不是最终的目的。人们之所以追求那些东西，是因为它们具有带给人们快乐的属性或效用。而只有幸福、快乐才是人类追求的终极目的。人生如流水，有激流涌进，也有缓游平静；人生如曲，有高亢激昂，也有低迷消沉；有轰轰烈烈，也有平平淡淡。但是，在更多的时候，人生只是在平平静静中度过的。人生难免平淡，而快乐与否全在于自己的内心。

有这样一个故事：

有一个牧师，在一个周六晚上正苦苦思索隔天礼拜的讲道内容时，他五岁的小儿子在旁边不断地要求爸爸陪他玩。为了敷衍孩子，牧师拿出了一张印有世界地图的报纸，撕碎后嘱咐儿子拼好粘起来，心想这样应该可以让孩子专心地玩一会儿了。

不料，十分钟之后，孩子兴高采烈地跑来说："我已经拼好了！"牧师十分惊讶，一个五岁的孩子怎么有认识世界地图的能力呢？只见孩子十分得意地说："很简单啊，地图的背面是一个人像，所以我就把纸翻过来，粘好了人像。"是啊！人对了，世界就对了。

人对了，世界就对了！这是一句多么精辟而富有哲理的话语啊。其实，这也是我们每个人在生活中应遵循的态度，只要你摆正了自己的态度，想不快乐都难。法国作家雨果曾说："思想可以使天堂变成地狱，也可以使地狱变成天堂。"在生活中，不可能诸事顺利，但可以事事尽心；或许，你不能左右天气，但你可以改变心情；你不能选择自己的相貌，但你可以展现灿烂的笑容。营造快乐生活的秘诀在于时时调整好自己的心态。

许多人抱怨生活太平淡、太单调，他们很羡慕那些所谓的成功人士。而那些成功人士却认为自己活得压抑、不洒脱，他们更羡慕平常人的生活。其实，无论我们是贫穷还是富有，都改变不了人生的际遇，只有快乐地活着才是一种好的心态。在平淡的人生中，我们要善于寻求生活中的快乐。

有两位年近70的老太太，一位认为到了这个年纪可算是人生的尽头，于是，她开始为自己料理后事。另一位却认为一个人能做什么事不在于年龄的大小，而在于怎么个想法。于是，后者在她70岁高龄之际开始登山，并以登山为乐，其中几座山还是世界有名的。而在最近，她以95岁高龄登上了日本的富士山，打破了攀登此山年龄最高的记录，她就是著名的胡达·克鲁斯太太。

谁说70岁的年纪就到了人生的尽头呢？谁说人生是平淡无奇的呢？胡达·克鲁斯老太太就抓住了人生的尾巴，追寻到了生活中的快乐。人生难免平淡，但是，它是可以多彩的。每个人都希望自己短暂的生命闪光发亮，都希望笼罩在自己上方的是一片绚丽的天空。

或许，平凡的生活磨灭了内心的激情，消解了追寻快乐的愿望。但是，请不要消极对待生活，不要甘于平庸，与其在日后唏嘘生活的平淡，不如抓住当前的生活瞬间，留住激情，营造快乐的生活。

一个人应该有梦想、有激情，这样，他的生活才会充满无尽的快乐。没有激情的生活就如同没有放油盐的一碗清汤，没有味道，自然难以下咽。

一个人在生命的各个阶段都应该为自己树立各种的追求，有着梦想的生活才是快乐的。对于人生中的任何精彩片段，我们都不应该轻易放过，而是要尽情去享受。我们要学会在平淡的生活中寻找快乐，要使自己平凡而有限的生命无比充盈。

# 做人，要心怀感恩之心

易卜生曾说："不因幸运而故步自封，不因厄运而一蹶不振。真正的强者，善于从顺境中找到阴影，从逆境中找到光亮，时时校准自己前进的方向。"如果生命中没有逆境，也就无法使一个人的才能与智慧获得增长。你想采摘玫瑰，就不要怕被刺扎破手指。人生不可能只有成功的喜悦而没有遭受挫折的痛苦，一个人在绝望的低潮中能看到希望，感恩世界，尝试新生，他就已经获得了一半的成功。

那些心怀感恩的人，他们视万物皆为恩赐。当心中充满了感恩之情的时候，世界才会变得美好无比，苦难才会变得不值一提。真正的人生就是要品味生活中的苦与乐，乐中有苦、苦中有乐，也只有这样，才会体会到生活的多滋多味、丰富多彩。当你对人生感到绝望时，试着将感恩的情绪融入生活中，这样，你的疲劳感就会相对大幅度减少，希望之火也会在你的心中越烧越旺。在面临人生低潮的时候，学会感恩，积蓄力量，在忍耐中等待高潮的来临，这就如同在大雨连绵数日之后，天空突然放晴，你的心情也会陡然好转一样。但是，如果没有那一段阴雨连绵的日子，你怎么会体会到天晴时的喜悦呢？

1967年夏天，美国跳水运动员乔妮·埃里克森在一次跳水事故中身负重伤，导致全身瘫痪。事故发生之后，乔妮一直摆脱不了这个噩梦，无论身边的家人、朋友如何安慰，她总是认为命运对自己不公平。

曾经有一段时间，她陷入了深深的绝望，不吃东西，不说话，整天只是凝望着窗外的风景。朋友劝慰："乔妮，越是在这个时候，你越是要学会感恩。"她猛然醒悟过来，自己还活着，为什么不尝试着做一些事情呢？

她开始冷静地思考人生的意义和生命的价值，她借来了许多如何成才的书籍，开始认真阅读了起来。虽然，她双目健全，但读书还是很困难，只能靠嘴衔块小竹片去翻书，劳累、伤痛常常迫使她停下来。但片刻休息之后，她又咬牙坚持下去。最终领悟到生命的意义之后，她又想到了自己中学时喜欢画画。于是，她捡起了画笔，用嘴衔着，开始了练习。用嘴画画？许多人连听都没听过，那是一个多么艰辛的过程，但是，乔妮坚持下来了。

许多年过去了，乔妮的一幅风景油画在一次画展展出后，获得了美术界的好评。后来，她又开始接触文学，写了一本自传《乔妮》，轰动了文坛，她成为了千千万万青年自强不息的榜样。

当人生陷入了低谷，乔妮并没有放弃自己，而是感恩自己还活着，依然可以做许多有意义的事。在这样坚强的信念下，她慢慢地积蓄力量，最终，迎来了人生一个又一个的成功。人不能一遇到困难就退缩，只有想办法去克服，才能获得最后的胜利。

查尔斯·詹姆士·福克斯对那些面对挫折从不灰心丧气的人，总是寄予厚望，他说："年轻人首次登台亮相就博得满堂喝彩当然不错，不过我更欣赏在失败后还能一再尝试的年轻人，这才是生活的强者，他们往往比首战告捷的人发展得更好。"人生难免有低谷，几乎每一个成功者都经历过低潮，只是他们懂得感恩，最终以坚强的意志战胜了挫折。在那些刚强坚韧者的眼中，挫折只是人生路上的一小块石头，只要慢慢积蓄力量，然后奋力一跃便会踏上成功的路途。

没有人会喜欢失败，但是，我们应该尽早学会面对失败，在陷入低潮的时候，学会以一颗感恩的心去面对。面对挫折，你有可能会失败，但你并没有失去坚强的意志。只有耐心等待，在等待中慢慢积蓄力量，他日你必定会一鸣惊人。当别人嘲笑爱迪生失败几千次的时候，他笑着说："我已经知道几千次不成功的原因了，我离成功已经近了几千次了。"学会感恩，尤其是当自己处在低潮的时候，这样，你才会积蓄力量，才有可能再次成功。

# 第4章

## 倾听内心的声音，才能找到心的方向

心中有梦，犹如明灯。只要我们点亮了心中的那盏灯，我们的人生将会呈现出别样的精彩。心若在，梦就在，即使在茫茫的大海中，我们一样能寻找到前进的方向，因为梦能主宰人生的航向，心中的灯塔能指引我们继续前进。所以，带着希望，带着未完的梦想，带着生命给予的喜悦和磨难，点亮心中的明灯，走出失落，走出迷茫，驶向下一个彼岸。

## 认识自己，从优点开始

生活中，我们都听过“让兔子去跑步，让鸭子去游泳”的说法。显而易见，每个人都是有自己的优势的，而更重要的一点是每个人都只有从自己的优势出发才能获得成功。成功心理学家马丁·塞利格曼在对成功心理的研究中得出这样一个结论：“成就和幸福的核心在于发挥你的优势，而不是纠正你的弱点，第一步就是识别你的优势。”一个人若想要主宰心的航向，就应该全面认识自己，既需要正视自身的缺点，又需要把握好自己的优势。一旦你没有能够清楚地认识自己，将会产生自负或自卑的心理，而这些负面心理将会影响你一生的发展。

事实上，每个人都是有缺点的，在这个世界上，并不存在十全十美的人。但是，某些人对于自己的缺点却总是想办法遮掩，害怕别人笑话。殊不知，这样做的后果反而会使人感到他的虚伪、不真实，假意做作的行为会令所有的人想办法远离你。能主宰内心航向的人，他们总是能够坦然面对自己的缺点，不去掩饰，而是挑战自我，正视自己的缺点，从而赢得人们的尊敬。

琳达是一位电车车长的女儿，她从小就喜欢唱歌和表演，梦想着自己能够成为一名当红的好莱坞明星。然而，琳达长得并不算漂亮，她的嘴看起来很大，而且还有令人讨厌的龅牙。每次公开演唱，她都试图把上嘴唇拉下来盖住自己的牙齿。

有一次，她在新泽西州的一家夜总会演出，为了表演得更加完美，她在唱歌时努力拉下自己的上嘴唇来盖住那讨厌的龅牙，但是，结果却令自己出尽洋相，那真是一次失败的演出。琳达看起来伤心极了，她觉得自己注定了要失败，她真的打算放弃自己当初的梦想了。

但是，正在这时，同在夜总会听歌的一位客人却认为琳达很有天分，他告诉琳达："我跟你说，我一直在看你的演唱，我知道你想掩盖的是什么，你觉得你的牙齿长得很难看。"琳达低下了头，觉得无地自容。可是，那个人继续说道："难道说长了龅牙就是罪大恶极吗？不要想去掩盖，张开你的嘴巴，观众看到你自己都不在乎，他们就会喜欢你的。再说，那些你想掩盖住的牙齿，说不定能给你带来好运呢。"琳达接受了男士的建议，努力让自己不再去注意牙齿。从那时候开始，琳达只要想到台下的观众，就张大了嘴巴，热情地歌唱，最终她成为了好莱坞当红的明星。

赛德兹说："你应庆幸自己是世上独一无二的，应该将自己的禀赋发挥出来。"歌星琳达的成功在于她能够正视自己的缺陷，而把握住自己的优势。无论是龅牙一样的缺憾，还是难以弥补的遗憾，都一样是我们生命中重要的组成部分，我们所需要做的就是正视自己的缺点，欣赏这如此真切的美丽。

有一天，国王来到花园散步，当他看到花园里的景象时，不禁大吃一惊。前些日子还绿意盎然的花园竟然变得十分荒凉，美色不在。揣着满腹疑团，国王询问了园丁："究竟发生了什么事情啊，怎么花园会变成这样？"

园丁叹息着说："我尊敬的国王啊！这是因为橡树认为它比不过松树的高大，所以死了；松树因为比不过葡萄能结果子，所以也死了；而葡萄因为不能像橡树一样直立，因此也死了；至于其他的植物花卉，也都是因为各有缺点而死去了。所以，花园终于因此而渐渐荒凉起来了。"听了园丁的话，国王陷入了沉思，一会儿，不经意抬头之际，他发现花园里的草地依然生机勃勃，不禁好奇地问园丁："为什么其他植物都枯死了，只有这一片草地依然绿意盎然呢？"园丁微笑着说道："这是因为小草们并不想成为松树、橡树、葡萄或者其他植物，它们知道自己的优势是什么，所以也只想做它们自己而已。有了这样的想法，它们自然就生机勃勃，绿意盎然！"

每个人都想成为高大的树木，渴望矗立在高处俯瞰这个世界，但是，命运的捉弄却往往使我们成为一丛丛小草。或许，在许多人看来，小草该是多么卑贱，多么渺小，但是，即使是如此渺小的东西，也能凭借着自己的优势在酷寒的严冬绽放出不一样的美丽。

所谓的成功并不是有轰轰烈烈的事业或出人头地，而是要把握好自己的优势，尽展才华，这才是作为一个人的最大成功。我们不仅要坦然接纳自己的缺点，更要把握自己的优势，努力做到“不因缺点而自卑，不因碌碌无为而遗憾”，从而主宰好人生的航向。

## 确立目标，找到努力的方向

什么是目标？目标就是行为所需达到的目的，又是激发前进动机的外部条件刺激。心理学家认为，人们的社会行为往往是内在条件与外在条件相互作用的结果。动机要能引起行动，不仅需要内在条件，还需要有一定的外在条件或环境刺激，如此，才能激发动机。而目标就是这些外在的刺激，它是行为动机的诱因，它能较好地刺激人们为达到自己的目的而行动。而达成目标，则使人们的某种需要得到满足。比如，对于一个即将告别人世的人来说，哪怕是与儿子见最后一面，他也会无比满足。这样一个既定目标带来的心理作用会推迟他的死亡。简单地说，一旦我们心中确定了目标，就会朝着这个目标不断地前进，直到达成这个目标。

在生活中，许多人的悲哀是：“我不知道明天会怎么样。”这确实是人生很大的遗憾之一，因为“不知道明天会怎么样”的背后是一种迷茫中的沉沦，它将扼杀一个人的希望、信心和未来。一旦你陷入对未来的迷茫中，你便无法胸有成竹地向一个明确的目标迈进。那些所谓的“千里马”为何一生碌碌无为？这并不是他们没有才华和能力，而是他们始终处于迷茫之中，他们只会埋怨“生不逢时”，或者抱怨“伯乐”有眼无珠，任自己的一生卧于马厩之中，无法驰骋于“疆场”。

某著名大学进行了一项非常著名的、关于目标对人生影响的跟踪调查，调查对象是一群智力、学历、环境等条件差不多的年轻人。通过调查发现：27%的人没有目标；60%的人目标模糊；10%的人有清晰但短期的目标；3%的人有清晰且长期的目标。

他们进行了长达25年的跟踪调查，发现那些被调查对象的生活状况和成就有了很大不同：那些占3%有清晰且长期目标的人，25年来几乎不曾更改过自己的人生目标，25年来他们一直朝着同一个方向努力。25年后，他们几乎成为了社会各界的顶尖成功人士，在他们当中有白手起家的创业者、行业领袖、社会精英。那些占10%有清晰但比较短期目标的人，在25年后，他们大多生活在社会的中上层，在他们身上有着共同的特点：那些短期目标不断被达成，生活状况稳步上升，成为了各行业不可缺少的专业人士，他们的职业大多是医生、律师、工程师等。而占60%的目标模糊的人，25年后他们大多生活在社会的中下层，他们能够安稳地生活与学习，但没有什么特别的成就。剩下27%没有目标的人，25年以来，他们几乎都生活在社会的最底层，而且，生活过得很不尽人如意，常常失业，需要靠社会救济，喜欢怨天尤人。

最后，这所大学得出这样的结论："也许你现在与别人差距不大，那是因为你们都距离起跑线不远，而不是你比别人聪明，或者说上天眷顾你。你是属于那10%、60%还是剩下的部分，只有你自己最清楚。不过，希望你能努力成为那10%的目标清晰的人。"

或许，我们应该这样认为，一个人无论他现在多大年龄，其真正的人生之旅，是从设定目标的那一天开始的，之前的日子，只不过是在绕圈子而已。如果你想要获得成功，那么必须拥有一个清晰而明确的目标，因为目标是催人奋进的动力，目标是你前进路上的灯塔。

一场突如其来的风暴，让一位独自穿行大漠的旅行者迷失了方向，更可怕的是装干粮和水的背包也不见了。他翻遍了所有的衣袋，只找到了一个泛青的苹果。他惊喜地喊道："哦，我还有一个苹果。"他揣着那个苹果，艰难地在大漠里寻找着出路，可是，整整一个昼夜过去了，他仍然没有走出这茫茫的大漠。饥饿、干渴、疲惫，使得他好几次都觉得自己快支撑不住了，可是，看一眼手中的那个苹果，他抿了抿干裂的嘴唇，陡然又添了几分力量。他又开始了跋涉，心中不停地默念着："我还有一个苹果，我还有一个苹果……"三天后，他终于走出了大漠，而那个始终未曾咬过一口的苹果，已经干瘪得不成样子了。

一个没有目标的人就像是一艘没有舵的船，永远过着漂泊不定的生活，只会到达失望和沮丧的海滩。在人生的旅途中，我们常常会遭遇到各种困难与挫折，但是，请不要轻易地放弃，否则，你很容易陷入迷茫之中。其实，人生就如沙漠，而那苹果就是我们的信念与目标。在追求目标的过程中，遇到了困难要努力坚持，因为目标与信念可以战胜一切恐惧。在追寻目标的过程中，我们需要一次次坚定自己的目标，只有这样我们才能稳步前进，最后达到成功的彼岸。

## 方向错了，一切努力都是无用功

在人生的道路上，我们需要适时调整自己的航向，因为成功并不是一味地蛮干。在生活中，许多人谈到自己的目标，总是踌躇满志，但是，经过一番努力之后，他们却最终没能达到目标。究其原因，在于他们在追寻目标的过程中，没能调整好航向，只是一味地蛮干，结果，自然是无法达成既定目标。有时候，人生就像是行驶在茫茫大海中的一条船，或许，你知道你的目的地是彼岸，于是，你一个劲地往前冲，哪怕途中碰了礁石也绝不后退。结果，也许你根本到达不了彼岸。成功需要努力，但是，并不是一味地蛮干，而是需要正确地努力，就好像你在沙漠里需要一个指南针一样。

在西撒哈拉沙漠中，有一颗璀璨的明珠——比赛尔。每年，数以万计的旅游者会来到这里观光、游玩。可是，很早以前，这里只是一个封闭而落后的地方，这里的人从来没有走出过大漠。当然，他们并不是不愿意离开这块贫瘠的土地，而是由于他们尝试了许多次都没能走出去。

有一天，肯·莱文来到了比赛尔，他用手语问这里的人："你们为什么不走出大漠？"结果所有人的回答都一样：从这儿无论向哪个方向走，最后都还是回到出发的地方。肯·莱文不相信这种说法，他亲自做了一次试验，按照指南针的指示，从比赛尔一直向北走，结果花了三天半的时间就走出来了。肯·莱文很纳闷：为什么比赛尔人不能走出大漠呢？

为了知道原因，肯·莱文雇了一名叫阿古特尔的人带路，这位青年也从来没有走出过大漠。肯·莱文收起了指南针等现代设备，和阿古特尔一起走，看看到底会发生什么。他们带了半个月的水，牵了两头骆驼就出发了。很快，十天过去了，他们走了大约八百英里路程，于第十一天的早晨，他们果然又回到了比赛尔。肯·莱文终于明白了，比赛尔人之所以走不出大漠，是因为他们在大漠里没有调整方向，他们只会盲目地行走。

肯·莱文离开比赛尔的时候，他告诉阿古特尔如何通过北斗星找到正确的方向，他说："只要你白天休息，夜晚朝着北面那颗星走，就能走出沙漠。”阿古特尔照着去做了，三天之后果然来到了大漠的边缘。

在生活中，许多人就如同比赛尔人一样，他们知道自己的目的是走出大沙漠，然而却没有一个人走出来，并不是因为他们不愿意离开那块贫瘠的土地，而是他们缺少正确努力的方向。试想，在一片荒芜的大沙漠里，若不及时调整航向，你很有可能会迷路，即使你用一辈子也可能走不出来。当然，如果你能明确自己的目标与方向，找准“北斗星”，那么，你一定能走出沙漠。

张三和李四同时受雇于一家店铺，拿同样的薪水。但一段时间过去了，张三青云直上，李四却原地踏步。李四想不通，老板为什么会如此厚此薄彼？

有一天，老板对李四说：“你现在到集市上去一下，看看今天早上有卖土豆的吗？”不一会儿，李四回来了，向老板汇报说：“只有一个农民拉了一车土豆在卖。”老板又问：“有多少？”李四没有回答，于是，又赶紧跑到集市上，然后回来告诉老板：“一共40袋土豆。”老板继续问道：“价格呢？”李四委屈地回答：“您没有让我打听价格。”

这时，老板把张三叫来，说道：“张三，你现在到集市上去看一下，看看今天早上有卖土豆的吗？”张三很快就从集市回来了，他向老板汇报说：“今天集市上只有一个农民卖土豆，一共40袋，价格是两毛五分钱一斤。我看了一下，这些土豆的质量很不错，价格也很便宜，于是顺便带回来一个让您看看。”张三一边从提包里拿出土豆，一边说：“我想这么便宜的土豆一定可以挣钱，根据我们以往的销量，40袋土豆在一个星期左右就能全部卖掉。而且，咱们全部买下来还可以适当优惠。所以，我把那个农民也带来了，他现在正在外面等着你回话呢。”

可能，我们都明白了为什么张三和李四有如此不同的待遇。李四只懂得蛮干，结果，却是费力不讨好。但是，聪明的张三却很懂得调整做事的方法，他更擅长观察、思考和总结，结果，两三下就把事情做完了。

人生跟做事一样，都需要适时调整航向。当我们知道前方有可能触礁的时候，就应该调整方向，以便能尽快到达彼岸。如果你一味地埋头拉车而不抬头看路，结果常常是原地踏步，甚至是南辕北辙。

## 真正的优秀者，从不抱怨命运不公

英国著名作家奥利弗·哥尔德斯密斯曾说：“与抱怨的嘴唇相比，你的行动是一位更好的布道师。”面对生活里的一丁点不如意，人们最普遍的习惯是埋怨，不停地埋怨：埋怨父母不理解，埋怨社会太现实，埋怨朋友的欺骗，埋怨上天的不公……于是，埋怨便成为了一种习惯。然而，那些不如意的事情并没有真正得到解决，自己的情绪反而陷入了恶性循环，结果心中的怨气反而阻碍了前进的道路。成功只会垂青那些积极主动的强者，只要你敢于担当，勇于接受来自生活的挑战，那么，任何艰难险阻都会变成坦途。真正的强者从来不埋怨，他们总是会把那些消极的想法从内心中扫除殆尽，让自己的内心充满阳光、充满希望。

从前，有一个年轻的农夫，他平日的工作就是划着小船，给另外一个村子的居民运送自家的农产品。那时正值酷暑难耐的季节，年轻的农夫汗流浃背、苦不堪言。为了尽快完成工作，他心急火燎地划着小船，以便在天黑之前能返回家中。突然，年轻的农夫发现，在前面有一只小船，沿河而下，迎面朝自己快速驶来，眼看着这两只船就要撞上了，但是，那只小船却丝毫没有避让的意思，似乎是有意想撞翻自己的小船。年轻的农夫心中顿时有了火气，大声对那只船吼道："让开，快点让开！你这个白痴！再不让开，你就要撞上我了！"但是，农夫的吼叫却完全不管用，那只船还是义无反顾地向自己驶来。尽管农夫手忙脚乱地为其让开水道，但为时已晚，那只小船还是重重地撞上了农夫的船。年轻的农夫被激怒了，他怒视对面的那只小船，但是，令他吃惊的是，那只小船上空无一人，而被自己大呼小叫责骂的只是一只挣脱了绳索、顺流而下的空船。

原来，再多的责骂、埋怨，也不能改变事情的发展方向，反而会阻碍你前进的路途。有人说埋怨是一种宣泄，可以维持心理平衡，似乎埋怨可以将那些不如意的事情发泄出来。但是，我们每天都可能会面对许多不如意的事情，如果只是一时的埋怨，还可以接受，但有时候，埋怨久了就会形成习惯，周而复始，情况却并未见得有好转。

一个人来到这个世界上，面对生活中的诸多不如意，我们只有两个选择，要么接受，要么改变。抱怨成为了接受事实的一个阻碍，我们总是想到：这件事对我是不公平的，这样的事情怎么会发生在我的身上呢？我怎么能接受这样的事情呢？所以，一种强烈的倾诉欲望开始萌发："我要去向别人诉说，以此证明我的无辜和委屈。"于是，在我们埋怨不公的时候，我们已经失去了去改变这件事情的机会。那么，当我们无休止地埋怨的时候，有没有想过是否有比埋怨更好的解决方法呢？

从前，有一位年老的印度大师，他身边有一个喜欢埋怨的弟子。有一天，印度大师让这个弟子去买盐，等到弟子回来后，大师吩咐这个喜欢埋怨的弟子抓一把盐放在一杯水中，然后喝掉那杯水。弟子按照师傅的吩咐一一做了，大师问道："味道如何？"呲牙咧嘴的弟子吐了口唾沫，说道："咸！"

大师一句话没说，又吩咐弟子把剩下的盐都撒到附近的一个湖里，听从师傅的吩咐，弟子将盐倒进湖里。大师说："你再尝尝湖水。"弟子用手捧了一口湖水，尝了尝，大师问道："什么味道？"弟子回答说："味道很新鲜。"大师继续追问：“那你尝到咸味了吗？”弟子回答说：“没有。”这时，大师这才微微一笑，说道：“其实，生活中的痛苦就像盐一样，不多，也不少。在生活中，我们所遇到的痛苦就这么多，但是，我们体验到的痛苦的程度却取决于将它放到多么大的容器里。所以，面对生活中的不如意，不要成为一个杯子，老是埋怨，而是要成为湖泊，去包容它，通过实际行动来改变自己的现状。”弟子若有所悟地点点头。

罗斯福说：“未经你的许可，没有任何人能够伤害你。”有的人自己办不了事情，别人办了漂亮事，他还会到处埋怨：“其实我是很有能力的”“他凭什么就能得到上司的重用啊”“这件事我会比他做得更好，可上司偏偏不找我嘛”……但是，真正的原因呢，却是自己没有能力，所以心中才充满了怨气。真正的强者，他所致力的是如何解决问题，如何完成这件事情，而不是去埋怨上天的不公。所以，强者最后会在努力中赢得成功，而无能的人只能在埋怨声中销声匿迹。

## 凡事靠努力，成功不是一蹴而就

人生从来不可能一帆风顺，因为各种挫折、困难都会出现在我们的人生里。在这个世界上，没有一如既往的顺利，只有磕磕绊绊的成功。在前进的路途中，暴风雨总会不期而至，而只有把握好船舵才能到达成功的彼岸。所谓“宝剑锋从磨砺出，梅花香自苦寒来”，人生其实就是一个不断磨砺自己的过程。只有不断地从失败中吸取经验教训，不断让自己成长，你才能取得最后的成功。人也只有在坎坷中才能不断地去完善自我，充实自我，才能更好地主宰自己的人生方向。人生没有永远的成功，只有在挫折中站起来才是真正的成功。

有人说：“每个人都没有你想象中那么幸福，而成功的人，更有你想象不到的痛苦的经历。”不经历风雨，怎么能见彩虹，没有人能随随便便成功。其实，世间万事皆是如此，如果你想成功，你就必须要比别人吃更多的苦，付出更多的努力。“一份付出一份收获，未必；九份付出一份收获，一定。”为了自己心中的目标，你就要加倍地努力。成功是属于那些勇于付出、甘于吃苦的人的。当你在享受生活的时候，未来的成功者却在痛苦地挣扎着，这就是平庸者与成功者的区别。

对于每一位年轻人来说，最为重要的是懂得“你不可能每件事都能成功”。在失败的时候，母亲总是鼓励玫琳凯展望未来：“你绝不可能每一次都是最棒的，接受失败，学会如何从失败中吸取教训，你才能继续前进。”“面对失败，不要生气。”玫琳凯女士不仅将这句话作为自己的座右铭，而且将这句话作为公司的理念来激励更多未来的女性。玫琳凯坦言，自己想创建公司是在遇到了挫折之后才真正开始的。

玫琳凯说："我建立公司的初衷是想让所有女性都能够获得她们所期望的成功，这扇门能为那些愿意付出并有勇气实现梦想的女性带来无限的机会。"然而，在创业之初，她就经历了失败，玫琳凯用5000美元建立了美梦公司，自己包装产品，贴标签，在标签上写着"玫琳凯化妆品"。但是，就在公司开张一个月的时候，丈夫因心脏病发作不幸去世，同时，律师警告她，经营化妆品公司的失败率极高。但是，玫琳凯仍决定再试一次。一路走来，她也走了不少弯路，但是，玫琳凯从来不灰心、不泄气。

有一句很受玫琳凯推崇的话是："失败一次，就向成功靠近一步。"那些成功者绝不会害怕人生中面临的失败，从来不畏惧尝试再次成功。玫琳凯经常对公司员工说："如果比较一下我们的双膝，你们会看到我膝上的伤疤比在场的任何一个人都要多，这是因为我一生中有过无数次摔倒再站起来的经历。"其实，把人生的每一次失败都当作是尝试，不要总想着顺顺利利地成功，不要埋怨，接受每一次失败，并从中吸取教训，这样我们才会在成功的路上走得更远。

威廉、约克和李维相约去美国旧金山淘金，当他们到达目的地以后，却发现了现实远没有想象中的美好。在当地，比金子更多的是淘金者。面对这样的情况，三人都感到很失望，不知道该怎么办？

威廉满腹失望，但是却不甘心，既然来到了旧金山，只有去寻找金子才是正确选择，于是，他决定还是去淘金。几年过去了，他依然过着劳苦而贫困的生活。约克对淘金已经没有太大兴趣了，他暂时打消了淘金的念头，想在当地另谋生路。后来，他发现了废弃在沙土中的银，开始了自己的冶银事业，几年过去了，他成为了当地的富翁。李维与约克一样，他觉得淘金虽然有可能成功，但是，面对着比金子还多的淘金者，他预感到做一个淘金的工人似乎并不是理智的选择。等到平静下来之后，李维想到了自己的手艺，他决定卖耐磨的帆布裤，经过加工改造，制成了牛仔裤。后来，李维还创立了世界名牌Levi’s。

通过这个故事，我们看到了两种不同的心路历程：威廉依然做着淘金的美梦，而约克和李维则选择了另外的出路，他们深知现实远没有想象中的那么美好，而金子也不会在原地等他们，而是需要自己努力。美国旧金山淘金热风靡时，许多人都做着发财的美梦，但是，是否真的能挖到金子呢？

在这个世界上，从来都不会有“天上掉馅饼”的美事。生活中，多少人梦想着一夜致富或一夜成名，但是，那不过是痴人说梦，不努力又怎么会有所获得呢？相反，那些真正富有、成名的人，在他们光鲜的背后定有着不为人知的艰辛付出。要知道，成功的道路从来都不是平坦的，而是坎坎坷坷、布满荆棘的，而成功唯一的途径就是披荆斩棘、勇往直前。

# 第5章

# 守住淡然宁静的心，让心灵充满阳光

人生道路有平坦，有坎坷；有成功，有失意。在生活中，有那么多不确定的因素，我们随时都有可能会被突如其来的变化扰乱心情。其实，生活越是令人焦虑，就越是需要善待内心。与其随波逐流，不如有意识地培养一些能让自己快乐的习惯，帮助自己调整心情，将快乐的清泉注入心田。

## 面对人生，让开心成为一种习惯

什么是快乐？史铁生曾这样写道：“生病的经验就是一步步懂得满足。发烧了，才知道不发烧的日子多么清爽。咳嗽了，才体会到不咳嗽的嗓子多么舒服；刚坐上轮椅时，我老想，不能直立行走岂不把人的特点搞丢了？便觉得天昏地暗，等又生出褥疮，一连数日只能歪七扭八地躺着，才看见端坐的日子其实多么晴朗。后来又患尿毒症，经常昏昏然不能思想，就更加怀念往日时光。终于醒悟：其实每时每刻我们都是幸运的，任何灾难面前都可能再加上一个‘更’字。”

或许，快乐就是这样简单，如史铁生所形容的那般“不发烧、不咳嗽、能走路、能好好地端坐着”，就是快乐。当然，我们可以理解他一定是吃尽了疾病的苦头，才会把快乐的底线定得如此之低。事实上，快乐本来就是那么简单，它的底线就是如此低，为什么我们还没有养成快乐的习惯呢？在很多时候，我们总是认为生活给予自己的不够多，不自觉地提高了快乐的底线。但是，当我们真正意识到什么是快乐的时候，生活留给我们享受快乐的时间却是少之又少了。让快乐成为一种习惯，降低快乐的底线，你就会发现，快乐就在触手可及的地方。

在辅导班里，有一位60岁的教授，他谈吐幽默风趣，专业知识精深。但是，给学生印象最深的却是他每一次进教室都精神饱满、面带笑容，而且，每次还会带上一束花放在教室的花瓶里，虽然每一次带来的花都不一样，但都一样鲜艳美丽。学生都不禁会产生这样的疑问：教授为什么总是如此快乐，难道生活就没有什么不顺心的事情吗？

课程结束之后，一位学生向教授表达了自己的感激之情，同时，提出了一直存在于心中的疑问。头发花白的教授笑了笑，说："其实，我只是把快乐的感觉当成了一种习惯。前几年，老伴在一次车祸中走了，孩子又在外地工作，我一个人在家里很孤单，本来我已经退休了，但我还想继续执教，教师这份职业让我感到快乐。在工作之余，我最喜欢养花，我家的院子里一年四季都有花香，我把这些花送给了朋友、邻居以及喜欢这些花的陌生人。我每次带来的花都是自己种的，既能给别人带去快乐，也能让自己感到很快乐。"闻着那些花香，学生感到快乐正在自己的发梢跳动。

其实，快乐只是一种感觉，我们每个人都拥有享受快乐的权利。在生活中，我们常常会感到悲伤、烦闷，总认为快乐是一种奢侈品，难以奢求。事实上，我们完全可以让快乐成为一种习惯，习惯是积累养成的，而我们有养成快乐的力量，因为我们可以自己选择快乐还是不快乐。快乐的人每天都对自己说："今天的天气真好，一切都会顺利的。"而不快乐的人则会说："今天一切又不会顺利。"有时候，快乐对于我们来说只是一种选择，谁也带不走你的快乐，只有你自己。

约翰是一名律师，在纽约一家知名的大公司上班，很快将成为公司的股东之一。坐在自己的高级公寓里，可以把中央公园的美景一览无余。约翰非常努力地工作着，一周的上班时间至少达到了60个小时。每天早上，他都挣扎着起床，拖着疲惫的身体来到办公室，参加会议，会见客户，这些烦琐的工作占据了他的每一天。对此，他感到自己已经远离快乐很久了。

有人问他："在一个理想的世界里还想做什么？"约翰回答："我最想去一家画廊工作。"那人继续问道："难道你现在找不到这样的工作吗？""不是的，但如果在画廊工作，收入将会少很多，生活水平也会下降，我虽然对律师很反感，但没有其他选择。"

约翰将快乐生活定义为：高收入和较高的生活水平。甚至，他觉得放弃自己梦想中的职业是因为"没有选择"。现在，我们应该明白约翰为什么感觉不到快乐了。他总是被一个自己不喜欢的工作所捆绑着，所以，他每天都感觉不到快乐。在生活中，估计有一半以上的人对自己的工作并不满意。但是，他们之所以会感到不开心，并不是因为他们别无选择，而是他们提高了快乐的底线，错误地将物质与财富认为是"快乐"。

让快乐成为自己的一种习惯，我们不需要太多的寻寻觅觅，不需要太多的权衡，只需要放下心中太多的欲望，给自己的快乐画一条最浅的底线。这样，你就会发现，生活中的快乐会越来越多，你会感到每一天都是富足而充实的。

## 心态积极，快乐会不请自来

如今是一个焦虑的时代，几乎所有的人都迫不及待地等待快乐的降临。但是，却有人说："如果我们感到可怜，很可能会一直感到可怜。"在生活中，许多人总是感觉自己不快乐，他们常常感叹："我连快乐的影子都没发现。"对于快乐，他们一直守株待兔，总希望快乐能自己回到他们身边。然而，快乐并不是等待而来的，是需要积极寻找的。不要特意停下脚步等待快乐，也不要随意转身寻找快乐，因为快乐就在不远处。或许，只是不经意地抬头，你就会发现快乐正在前方向你招手、向你微笑。

美国畅销书《如何快乐》的作者、心理学博士凯伦·撒尔玛索恩女士说："我们的生活中有太多不确定的因素，你随时可能会被突如其来的变化扰乱心情。与其随波逐流，不如有意识地培养一些让你快乐的习惯，随时帮助自己调整心情。"简单地说，在更多的时候，快乐是一种生活态度，更是一种生活习惯。当然，快乐是自取的，因为快乐来自于我们的内心。快乐就是做每一件自己喜欢的事情，比如奔跑着，那喘出的气和流出的汗水就是快乐的源头。只要你有一颗寻找快乐的心，便每时每刻都是快乐的。

有一位富商在临终前，对自己的四个未成年的儿子说："你们去给我捉几只蜻蜓来吧，我已经好多年没见过蜻蜓了。"

不一会儿，大儿子就带了一只蜻蜓回来。富商问道："怎么这么快就捉了一只？"大儿子回答说："我用你给我的遥控赛车换的。"

又过了一会儿，二儿子也回来了，他带回了两只蜻蜓，富商问道："你怎么这么快就捉住了两只蜻蜓呢？"二儿子回答说："我把你送给我的遥控赛车以三元钱的价格卖给了一个小朋友，然后用两元钱买了两只蜻蜓，我还剩下一元钱呢。"

过了不久，三儿子也回来了，他居然带回了十只蜻蜓，富商问道："你怎么捉那么多的蜻蜓？"三儿子回答说："我把你送给我的遥控赛车在广场上租给其他的小朋友玩，而租金是一只蜻蜓可以玩赛车一天，不一会儿我就收到了十个小朋友的蜻蜓。"

最后回来的是小儿子，只见他满头大汗，两手空空，衣服上也沾满了灰尘。富商问道："孩子，你怎么搞成这个样子？"小儿子回答说："我捉了半天，也没捉到一只，就在地上玩赛车，我希望赛车能撞上一只蜻蜓，但是，没想到运气却很差，没有撞到一只蜻蜓。"

富商笑了，满眼都是泪，他摸着小儿子的头，把他搂在了怀里。第二天，富商死了。孩子们在床头发现了一张小纸条，上面写着这样一句话：“孩子，我并不需要蜻蜓，我是希望你们今后能积极寻找人生的快乐，正如你们捉蜻蜓时的那种乐趣。”

著名作曲家刘炽曾说：“做人，快乐是最要紧的，但快乐是自己去寻找的，我们不是缺少快乐而是缺少对快乐的发现和感受。”富商的四个儿子都在寻找快乐，但是，谁也没能体会得到快乐的真正含义。他们误以为捉住蜻蜓就是快乐，殊不知，真正的快乐是需要用心去感受的。

日本学者五木宽之曾说：“为了让自己成为一个快乐的人，我决定每天寻找一件令自己快乐的事，哪怕它一闪即逝也没关系，把它记在我的记事本上……”

刚开始的时候，他每天很难找到一件让自己觉得快乐的事，后来，情况改善了。他说：“例如，今天早上搭电车的时候，我幸运地坐在一个靠窗的位置，看着窗外飞逝而过的美丽风景，觉得相当开心！”

有时候，快乐就是如此简单，简单到我们忽略了它的存在。可以说，快乐是无处不在的，但是，它却不是守株待兔就能得到的，而是需要你用心地寻找。

普希金说：“假如生活欺骗了你，不要忧郁，也不要愤慨！不顺心时暂且克制自己，相信吧，快乐之日就会到来。”快乐到底离我们有多远？其实，快乐就隐藏在你我生活中的每一件小事中。善待自己的内心，你能使自己痛苦，同样也能使自己快乐，因为你才是生活的主宰者。

# 眼界不高，所以你才会消极和痛苦

一个小女孩趴在窗台上，看窗外的人正在埋葬她心爱的小狗，不禁泪流满面、悲痛不已。外公见状，连忙引她到另外一个窗口，让她欣赏他的玫瑰园。果然，小女孩的心情顿时明朗起来。老人托起外孙女的下巴，慈祥地说："孩子，你开错了窗。"

其实，生活就像是硬币的两面，一面是快乐，一面是悲伤。但是在生活中，因为眼界太狭窄或目光太短浅，我们也常常像小女孩一样开错了窗，看到那悲伤的一幕便情绪低落、精神萎靡。然而，如果我们能开阔眼界，以积极的心态试着打开另一扇窗户，换一个角度看问题，或许，我们会看见如画的美丽风景。很多时候，我们感到痛苦消极，那是因为我们目光太短浅了。我们只专注于眼前，而忽略了长远的打算，于是，总是为着失去的东西而痛苦不堪。

在每年的七八月份，北极地区的冰雪开始大面积融化，气温也逐渐回升，出现了短暂的春天景象，十分美丽。但是，随着气温的升高，也开始出现了大量的蚊虫。另外，由于当地物种稀少，那些饥饿的蚊虫就会飞到人们聚居的地方，吸食人们的血液来维持自己的生命。让人诧异的是，当地的居民却对此感到很快乐，他们对这些嗡嗡乱叫的蚊虫十分仁慈，从来不轻易伤害它们。有的游客拿出杀虫剂喷洒，还会被当地居民所制止。

这是为什么呢?

原来，一种被称为驯鹿的动物是当地居民过冬的主要肉类食物来源。可是，在天气比较暖和的时候，大批的驯鹿会自发成群结队地向低纬地区迁移，因为那里有大量的水草，如果没有人驱赶它们，它们就不愿意在严寒到来的时候准时回来。但是，在北极地区，如果想靠人力来驱赶，是根本不可能的事情。这时候，那些讨人厌的蚊虫就发挥了它们的威力，天气开始降温时，蚊虫就会飞往低纬地区逃命，自然会与驯鹿不期而遇。那些吸食血液的蚊虫是驯鹿无法抵御的天敌，加之低纬地区的气候已不适宜生存，那些驯鹿走投无路之下只能往回走。这一跑，正好钻进了人们事先设计好的陷阱里。为了报答蚊虫驱赶驯鹿、为人们带来过冬食物之恩，人们对蚊虫十分仁慈。而蚊虫也将年复一年地为他们驱赶驯鹿。

聪明的北极居民掌握了自然界万物相生相克的规律，所以甘愿忍受蚊虫吸食的痛苦，来求得长远的生存。在他们看来，眼前的得失并不需要挂在心上，也不需要为此感到痛苦，而那些长远的考虑才是智者的生存之道。所以，在那些被蚊虫吸食的痛苦日子里，当地居民并没有过多的埋怨，而是保持着一份乐观豁达的胸怀，他们甚至快乐地欢迎蚊虫的到来，因为他们知道有了蚊虫的存在，这个冬天就不用愁食物了。

在上帝看来，一个生命的消逝是另一个永恒的开始。狂风之后，一棵老树轰然倒下，多少人叹息老树生命结束的同时，不由自主地感叹自己的命运。但是，如果你换个角度，用长远的眼光看，就会发现一棵幼苗会在它倒下的地方重新生根发芽，新的生命才刚刚开始。今年的无边落木是为了明年的花红满树、桃李芬芳。这样想来，是否会觉得快乐许多呢？

有个人在一次车祸中不幸失去了双腿，当所有人都对他的厄运表示同情、对他的未来充满担忧时，他则积极地为自己寻找着新的出路。

在他的脸上没有看到痛苦，更没有看到绝望。周围的人很是好奇，在他们看来，对于一个失去双腿的人来说，生活已经没有了色彩。

但他却笑着说道："这事确实很糟糕。但是，我还拥有生命，并且我可以通过这件事认识到，原来活着是多么美好的一件事情——我失去的只是双腿，却得到了比以前更加珍贵的生命。"

虽然，对于他来说，失去的已无法挽回，甚至还伴随着撕心裂肺的疼痛。但是，他并没有为此感到痛苦消极，而是用长远的眼光来看待这一切，领悟到了生命的真谛。即使自己失去了双腿，但是自己还活着，这又何尝不令人感到快乐呢？

在人生的路上，有着太多的得，也有太多的失，许多人一直都在计较着得与失。所以，他们每一天都在抱怨、懊悔中度过，在他们漫漫人生中，没有哪一天能够真正快乐。无声的岁月将我们带走，繁华落尽，这时，我们才感叹：原来自己从来没有快乐过。对于那些失去的、得不到的，为什么不能以一种长远的眼光去看待呢？保持良好的心态，你会发现，令自己痛苦的是短浅的目光，而不是生活。

## 生命匆匆，累了就选择放下

生活中，当我们无法承受某些事情的时候，不如放手释怀，方可获得心灵的快乐。有多少人因为负荷太重而步履维艰，多少人因为欲壑难填而疲于奔命，多少人因为深陷其中而难以自拔。如果你想要所走的每一步都轻盈而快乐，那么，放手释怀未尝不是最好的选择。当生命到了无法承受之时，你还需要坚持什么呢？一味地坚持下去，只会让你继续痛苦。不如放手，你才能重新拥抱快乐。孟浩然放弃了冠盖京华的诱惑，只取人生的淡泊与超然；苏东坡放弃了进退浮沉的纷扰，只享受生命馈赠的酒酿。他们选择了放手与释怀，与此同时，他们也收获了一种心灵的快乐。

生命如舟，载不动太多的物欲和虚荣，如果你不想这生命之舟搁浅或者沉没，那就应该果断地选择放手与释怀。其实，人生中的许多痛苦是我们自己造成的，错在需要放手时却固执地坚持着，即使内心已经很痛苦，但就是不肯放手，总是偏执地想拿回一些属于自己的东西。殊不知，继续下去的结果只能是让自己陷得更深，而那将是痛苦的深渊，可能你永远没有办法摆脱。既然痛到自己无法承受，为什么还要一根筋地坚持下去呢？所谓的曾经早已过去，你拼命地不放手只是源于自己的不甘心。放手，你将摆脱痛苦，重新拥抱快乐。

曾经有个年轻人，他总埋怨生活的压力太大，生活的担子太重，压得他透不过气来，于是他试图放下担子。他听人说，哲人柏拉图可以帮助别人解决问题。于是，他便去请教柏拉图。柏拉图听完了他的故事，给了他一个空篓子，说："背起这个篓子，朝山顶去。可你每走一步，必须捡起一块石头放进篓子里。等你到了山顶的时候，自然会知道解救你自己的方法。去吧！去找寻你的答案吧……"于是，年轻人开始了他寻找答案的旅程！

刚上道，他精力充沛，一路上蹦蹦跳跳，把自己认为最好的、最美的石头，都一个一个扔进篓子里。每扔进一个，便觉得自己拥有了一件世上最美丽的东西，很充实，很快乐。于是，他在欢笑嬉戏中走完了旅程的三分之一。可是，空篓子里的东西渐渐多了起来，也渐渐重了起来。他开始感到肩上的篓子越来越沉。但他很执着，仍一如既往地前进。

而最后一个三分之一的旅程确实是让他吃尽了苦头。他已经无暇顾及那些世界上最美丽、最惹人怜爱的东西了。为了不让沉重的篓子变得更重，他毅然舍弃了这些，只是挑选了些非常轻的、必不可少的东西放进篓子。他深知，这样的舍弃是必要的。然而，无论他挑多轻的东西放入篓子，篓子的重量也丝毫不会减少，它只会加重，再加重，直到他无力承受。但最后，他还是背着篓子，艰难地走过了这最后的三分之一旅程。

或许，我们都听过这样一句话：远路无轻物。并不是每一个人都有过挑担的经历。但若你要负重前行，出发的时候往往很轻松，但越行越远的时候，你就显得不堪重负，难以承受肩上包袱的重量。本来，你可以将一些东西放弃的，但是，固执的你却要坚持下去，结果担子越来越重。这时候，你才后悔，为什么不放手一些东西呢？

她经常说这样一句话："如果有选择，我宁可将这段感情从我的记忆中抹去。"这时，她的脸上便会出现一种痛苦的表情。那是她的初恋，但命运的捉弄，却让她碰到了一个坏男人。

她只是一个单纯的小姑娘，相信他所说的一切，甚至，为了跟他在一起与家人反目。她省吃俭用，只为了他能衣着光鲜地出门；她收敛自己的脾气，只为了不想与他吵架。但是，无意中，她却得知原来他所说的都是假的，而自己的付出可谓是一文不值。她陷入了深深的痛苦之中：内心的眷念，心中的不甘，这些都让她不想放手这段感情；但是，她知道，继续下去只会让自己更加痛苦。

亲戚朋友都规劝："你跟他是没有好结果的，你这样跟他继续下去，只会让你受伤更深。"她知道这样的道理，但是，不甘受骗的固执个性使她咬牙坚持了下去。可是，越继续越痛苦，他越来越多的劣迹让她触目惊心。

痛过、哭过，她不禁仰天长叹：“罢了，罢了，我放手还不行吗？别让我这样继续地痛下去了。”

生活中，有多少人跟她一样深陷爱情的泥潭中无法自拔呢？如果你能从中获取到快乐和幸福，那么，坚持下去是正确的。但是，如果你跟她一样，一次次被骗，一次次被伤害，你的坚持不过是愚蠢的自我伤害，换句话说，一切的痛苦都是自己造成的。学会放手，释怀这段感情，因为有全新的生活在等着你，而你也将收获一份心灵的快乐。

人生就像是负重前行，随着年龄的不断增长，我们所承受的压力也越来越大，身上的担子也越来越重。因为在前进的途中，能让我们感兴趣的东西在不断地变化，而你所能得到的东西却越来越少了。这时，我们应该学会选择，对于那些超负荷的东西，不如放手释怀，以重新收获心灵的快乐。

## 适当的压力有助于激发斗志

生活中，无论是生存压力，还是工作压力，对一个人的心态都有着重要的影响，一旦压力来袭，就容易生气、烦躁，似乎看什么事情都不顺眼，内心的坏情绪积压过久，总想痛快地发泄一番。因此，那些给自己施加很多压力的人，他们往往是快乐的贫瘠者。一位公司白领这样说：“最近工作压力大，感觉自己越来越不快乐，脾气也越来越大，老想发火，尤其是每天回家坐地铁时，十分拥挤，每次都会与站在身边的人发生冲突。我也不想这样，但我就是快乐不起来。”虽然，工作压力很大，但是，我们还是有选择的，因为在更多的时候，压力是我们自己给的。而这些压力就像是一个刽子手，它扼杀了一切快乐的因子。

每天，我们都面临了诸多压力，有可能是事业不顺而造成的工作压力；有可能是感情不顺而造成的感情压力；还有可能是家庭不和谐而造成的家庭压力。对此，心理学家把这些压力统称为“社会压力”。社会压力对于一个人来说，将直接转换成心理压力、思想负担，久而久之，就会成为心结。如果这种压力长久以来得不到有效释放，就会越积越多，并产生巨大的能量，最终，它会像火山一样爆发出来，导致的结果是，人们的情绪大变，感觉自己活得太累，每天都不开心，脾气越来越坏，甚至，有严重者精神崩溃、做出傻事。当然，对于外界的压力，我们需要调节，千万不要再给自己压力，这样只会是雪上加霜。

一位朋友近来在学习弹琴，由于基本功不太扎实，他练起琴来很费力，尽管付出了许多辛勤的汗水，可就是不见效果。

但是，他极度渴望自己在琴技方面能够有所突破，于是，他强迫自己每天练琴四个小时。这样，时间长了，他变得非常焦虑，从心理上把练琴当成了一种压力，他常常烦躁地问老师："我是不是练不好了？""我还能行吗？""怎么这么练都不见效果，我干脆还是不练习了吧？""难道我就这么放弃了吗？"

老师听了，只是微微一笑："你不要给自己找气生，放松自己，缓解心中的压力，卸下负担。这样，心情好了，琴艺自然会有所进步。"过了不久，朋友的琴艺真的进步了，而之前弥漫在脸上的阴霾已经消失得无影无踪了。

其实，对于这位朋友来说，外界并不存在太大的压力，反而是他自己给了自己太大的压力。自然而然地，他将练琴当成了一种负担，这样，他就可能生活在压力、痛苦、烦躁和苦闷中，无法真正体会到练琴的快乐。一个人若是背着负担走路，那么，再平坦的路也会让他感到身心疲惫，最终，他会因为不堪生活的压力而走向不归路。对于生活中的某些事情，不要给自己太大的压力，顺其自然，压力反而会小很多，而自己也会感到一种前所未有的轻松和快乐。

吉姆是一位年轻的汽车销售经理，他的前途可谓一片光明。但是，由于吉姆是对自己要求很高的人，无形的巨大压力使得他感到异常绝望，他觉得自己就快要死了。甚至，他开始为自己挑选墓地，为自己的葬礼做准备。其实，吉姆的身体只是出了一点小问题，有时候会呼吸急促，心跳加快，喉咙梗塞，医生规劝："你只需要坦然处理生活中的压力，退出自己热爱的汽车销售行业就行了。”

在医院，医生给吉姆做了全面检查，医生告诉吉姆：“你的症结是吸进了过多的氧气。”吉姆先是一愣，然后大笑了起来：“那真是太愚蠢了，我怎样对付这种情况呢？”医生说：“当你感觉呼吸困难、心跳加速的时候，你可以向一个袋子呼气，或者暂时屏住气息。”医生递给吉姆一个纸袋，吉姆照办了，结果，他发现自己的心跳和呼吸都变得很正常，喉咙也不再梗塞了。当他离开诊所的时候，他已经是容光焕发了，原来这一切的症结都是源于内心的焦虑和恐惧，而这些情绪反应完全是因为给自己压力太大的结果。

太大的压力常常会令人陷入长期的焦虑和恐惧中，这样一种消极心理会加重人们的焦虑感和恐惧感，有严重者，还会导致身体出现疾病。心理学家认为，适当的压力有助于激发我们更强的斗志，但是，正如任何事情都有一定的度，压力过大就会影响到正常的情绪。所以，在生活中，我们要给自己适当的压力，对于不是太糟糕的事情，我们应该学会忘记，这样一来，那些琐碎的小事就影响不到我们了。

# 第6章

# 再苦再累不抱怨，感恩的心对待生活

我们常常听到这样的祝福语：“万事如意。”这只是一个美好的愿望。生活中，我们常常被各种各样的烦恼和困难缠绕着，然而，没有经历过风霜雨雪的花朵，又怎能结出丰硕的果实？正是因为这些困难的存在和这些折磨我们的人，让我们学会了领悟人生，让我们懂得奋起直追，让我们认清了自己的不足，甚至给我们当头一棒让我们清醒过来。因此，面对生活中的苦难，我们要心怀感激，可以说，一个成功的人，一个有眼光和有思想的人，都要学会感谢折磨自己的人。唯有以这种态度面对人生，才能算真正的成功。

## 感受折磨，感恩磨炼的人生

人活于世，都渴望一帆风顺、事事如意。而事实上，我们总是遇到各种大大小小的烦心事，这些事也总是折磨人心，让我们焦躁不安。然而，人的生命就是一个破茧成蝶、不断蜕变的过程，我们的身心只有在经过不断历练、折磨之后，才会变得更加坚强，生命的厚度才会因此拓宽。法国文豪罗曼·罗兰说："从长远看，人生的不幸、折磨还是很有诗意的！一个人最怕庸庸碌碌地度过一生。"

同样，追逐成功的过程中，我们也总会遇到折磨我们的人。此时，唯有忍耐和感恩，才能让我们正视折磨，正视脚下的路。可以说，会感谢折磨自己的人，才是真正能够领悟成功的人。曾经有这样一个故事：

一次，拿破仑骑马经过一片树林，听到一阵急促的求救声，于是，他赶紧策马扬鞭，朝着发出声音的地方奔去。

原来，声音来自一片湖泊，他定睛一看，原来是有个士兵掉进了水里，正往深水处漂流，距离岸边大约三十米。此时，岸边还有几个士兵，个个都心急如焚、手足无措，因为他们当中谁也不会游泳，眼看这个落水的士兵就要被冲走了。

拿破仑赶来问道：“他会游泳吗？”

一个士兵回答说：“会是会，可是好像已经没有体力了，刚才还喊过救命。”

拿破仑哼了一声：“喔！”随即从侍卫长手里取过一支手枪，并大声朝落水的人喊着：“你还往当中爬什么，赶快游回来。再往前去，我就开枪把你毙了！”

说完，果然朝那人的前方开了两枪。落水的人也许是听到了岸上的威胁话，也许是听到前方子弹入水的响声，猛然地回转身来，努力扑通扑通地胡乱游着，居然很快就游向了岸边。

落水的士兵得救了，同伴们都很高兴。这时方才发现，站在他们身边的竟是拿破仑。被救的小伙子惊魂未定，连忙拜谢拿破仑，并不解地问：“陛下，我是不小心落到水里去的，快要淹死了，你还要枪毙我，这是为什么？你的子弹差一点就打中了我，真把我吓死啦！”拿破仑笑着：“傻瓜！不吓这一下，你才真的要淹死哩！你再往前漂去，越漂越远，你就再也回不来了。这是一个荒野深湖，周围没有居民。你看，这里几个人有谁能下水救你？你受到惊吓，不就回过头来自己救了自己吗？”

这位落水的士兵为什么能得救？是谁救了他？他自己还是拿破仑？从这个故事中，我们发现，有时候，那些我们恨得咬牙切齿、折磨我们的人，实际上正是我们应该感谢的人，是他们让我们懂得自救，激发我们努力、奋斗！

可以说，即使你是个人际关系再好的人，也会有几个“仇人”，或许他们就是绊倒我们的人，或许他们让我们身负重债，让我们活得不清闲。这时候如果你只是悔恨，永远无法从中学到该学的，也永远不懂自己为何失败。事实上，从长远或整个人生的角度来看，你的这些仇人也正是你的恩人。好好感谢他们吧！也许就是因为当初他们推你下水，你今天才学会了“游泳”。

事实上，自打我们来到人世，就会遇到各种各样的折磨。年少时，我们要面临升学压力、工作压力、生活压力，中年时，我们还可能会面临失业、离婚、破产、疾病等。这些烦心事始终都萦绕在我们周围，折磨着我们的身体和心灵，甚至让我们寝食难安。然而只有历经折磨的人，才能够更快、更好地成长，生活，会在折磨中得到升华。因为如果你走的是一条平坦的大道，那么，你就失去了一个磨炼自己心智的机会；若你选择了坎坷的小路，你的青春也许会充满痛苦，但探寻人生真谛的大门也许就此被你打开。

没有经历过风霜的花朵，无论如何也结不出丰硕的果实。或许我们习惯羡慕他人的成功，感叹他人得到的掌声，但是别忘了，温室的花朵注定经受不住任何风雨，温室的花朵注定要失败。正所谓“台上十分钟，台下十年功”，在他们光荣的背后一定有汗水与泪水共同浇铸的艰辛。

所以，一个成功的人，一个有眼光和思想的人，都要学会感谢折磨自己的人，唯有以这种态度面对人生，才能算真正的成功。

那么，从现在起，感谢那些折磨你的人吧！即使他们伤害了你，欺骗了你，鞭打了你，抛弃了你甚至绊倒了你，你都应该感谢他们，因为他们教会了你识人、独立，磨炼了你的心智、激发了你的斗志！

## 认真地接纳生活中的每一个优秀对手

随着社会竞争的日益激烈，越来越多的人认识到了只有努力拼搏才能占据有利地位，于是，人们要面临忙碌的生活：焦头烂额、毫无头绪的工作，烦琐的家务、繁重的生活压力等。如果说生活是一台天平，可能这台天平早就不平衡了：工作与休息的不平衡，事业与家庭的不平衡，物质欲望的逐渐增强……但当夜深人静时，看到熟睡的孩子，你是不是有种幸福感涌上心头？早上，当你吃到家人为你准备的爱心早餐时，你是否会感叹愿时间永远停止在这一刻？其实，如果我们懂得把握自己，懂得平衡，让心灵真的放松，那么，这些幸福并不是奢望。

小风是IT界的精英，在她周围工作的同事，多半都是男性，他们在闲暇的时间，要么玩游戏，要么上网；但小风不一样，她有广泛的爱好，从小喜欢运动的她把高尔夫和网球变成业余两大娱乐项目，也因此交到更多朋友。她说：“女人要有情趣，要有爱好，这样你才不容易偏激和单调，才可以更好地调节工作的情绪。”

生活总是平淡而真实的，工作是紧张而枯燥的，而小风却始终保持着对生活的新鲜感：“我总是在想办法给自己减压，没有人逼着你非要做到哪一步，是你自己在逼迫自己。换一种方式跟别人讲话，换一个角度处理问题，一切就会改变。如果你什么都喜欢，什么都乐于参与，你就会活得有滋有味。”

现代职场，有不少和小风一样的白领精英，但事实上，他们并没有学会和小风一样懂得如何为自己减压、如何忙里偷闲。人不是机器，可以连轴转，不是有句话说，只有会休息的人才会工作吗？正如小风所说；“没有人逼着你非要做到哪一步，是你自己在逼迫自己。”所以，任何一个人，都要学会放平心态，要注意调整工作节奏，在追求效率的同时尽可能地追求完美，这是一种优雅、愉悦的工作境界。时间是我们仅有的一切，它使我们在地球上享有一片空间，我们不必为了过完它而去随意消磨它。时间不是金钱，是不能积蓄的，是无法替代的，要学会去享受它，这样才会拥有美好的生活。

当然，作为一个现代人，面对纷乱的世界，事业、家庭、健康、情感、心灵都需要我们去平衡。

具体说来，我们需要做到以下几点：

1.呵护亲情，和家人一起享受天伦之乐

在职场上，可能你是领导，但千万不要把这种风范带到家中，相反，你需要为亲情付出。否则，如果你不断透支这些环绕在周围的幸福，终会有一天，当你意识到这一点的时候，幸福已经悄然远去了。

从现在起，你不妨作出以下改变：

（1）没有特殊情况，周末尽量不工作。因为你不能把所有的时间都给工作，要给家人留一些。平常不做饭的女人，最好能回归厨房，给丈夫和孩子做一顿好吃的，让他们感觉到你的爱。

（2）尽量亲自教育你的孩子。孩子的培养与教育不容忽视。为人父母，请别只顾忙着工作与赚钱，请多出一点时间，陪陪孩子。

（3）孝敬父母。爱让这个世界不停旋转，父母的付出远远比山高、比海深。曾经不懂事的你，可能只知饭来张口，衣来伸手。而对于父母，我们又何曾记得他们的生日，体会他们的劳累，又是否察觉到那缕缕银丝，那条条皱纹。你是否意识到，如果你能在父母劳累后递上一杯热茶，在他们生日时递上一张卡片，在他们失落时奉上一番问候与安慰，他们就会幸福得多。

（4）把家变个模样。不管在当初设计自己家的时候，你费了多少心思，每天打开门，看到的都是同一幅景象，时间久了也会有审美疲劳。不如利用周末时间，和老公或者朋友把屋里的家具稍做调整，你会发现这个熟悉的家突然焕然一新，你的心情也跟着焕然一新了。

2.珍惜朋友

很多人在有了自己的家庭后，就忽视了和朋友的交往，慢慢地就变得孤立起来，有一天忽然想找个朋友说说话，拿起电话却不知道该拨给谁，这是悲哀的。无论什么时候，都要保持和一两个密友的关系，偶尔一起去逛街，去喝咖啡，去爬山，重温一下旧时的快乐和美好。

3.运动起来，珍惜自己的身体

身兼数职的现代人都渴望能自我减压和放松。而“回归自然”“亲近自然”以其独特的魅力吸引着繁华都市里的人们，越来越多的人们乐于怡情于山水之间，呼吸清新的空气，一边爬山，一边欣赏自然风光，健身娱乐一举两得。

追求自我和谐目标的人，通常不但更成功，而且比别人更幸福。自问一下，哪些是自己真正想做的事，自己在哪些方面倾注了更多的心血，自己最近是否忽视了某些方面……

## 保持良好的心态，收获最后的成功

人的一生，短短几十载，生命是有限的。人人都渴望成功，但成功的人又有多少呢？也有一些人，他们埋头苦干，却成就一般。《幸福守则》的作者杰克·森布朗说："人人内心深处都有一个蓄势待发的英雄。"罗斯福也说过："杰出的人不是那些天赋很高的人，而是那些把自己的才能尽可能发挥到最大限度的人。"如果人们都能充分利用自己的时间和精力，做到事事竭尽全力，那么，绝对可以做出更有价值的事情来。

在美国西雅图的一所著名教堂里，有一位德高望重的牧师——戴尔·泰勒。有一天，他向教会学校一个班的学生们讲了下面这则故事：

那年冬天，猎人带着猎狗去打猎。猎人一枪击中了一只兔子的后腿，受伤的兔子拼命地逃生，猎狗在其后穷追不舍。可是追了一阵子，兔子跑得越来越远了，猎狗知道实在是追不上了，只好悻悻地回到猎人身边。猎人气急败坏地说："你真没用，连一只受伤的兔子都追不到！"

猎狗听了很不服气地辩解道："我已经尽力而为了呀！"

再说兔子带着枪伤成功地逃生回家了，兄弟们都围过来惊讶地问："那只猎狗很凶呀，你又负了伤，是怎么甩掉它的呢？"

兔子说："它是尽力而为，我是竭尽全力呀！它没追上我，最多挨一顿骂，而我若不竭尽全力地跑，可就没命了呀！"

泰勒牧师讲完这个故事之后，又向全班郑重其事地承诺，谁要是能背出《圣经·马太福音》中第五章到第七章的全部内容，他就邀请谁去西雅图的“太空针”高塔餐厅参加免费聚餐会。

《圣经·马太福音》中第五章到第七章的全部内容有几万字，而且不押韵，要背诵其全文无疑有相当大的难度。尽管参加免费聚餐会是许多学生梦寐以求的事情，但是几乎所有的人都望而却步了。

几天后，班中一个11岁的男孩胸有成竹地站在泰勒牧师的面前，从头到尾地按要求背诵了下来，竟然一字不漏，没出一点差错，而且到了最后，简直成了声情并茂的朗诵。

泰勒牧师比别人更清楚，就是在成年的信徒中，能背诵这些篇幅的人也是罕见的，何况是一个孩子。泰勒牧师在赞叹男孩那惊人记忆力的同时，不禁好奇地问：“你为什么能背下这么长的文字呢？”

这个男孩不假思索地回答道：“我竭尽全力。”

16年后，这个男孩成了世界著名软件公司的老板，他就是比尔·盖茨。

泰勒牧师讲的故事和比尔·盖茨的成功背诵对人很有启示：每个人都有极大的潜能。正如心理学家所指出的，一般人的潜能只开发了2%～8%，像爱因斯坦那样伟大的科学家，也只开发了12%左右。一个人如果开发了50%的潜能，就可以背诵四百本教科书，可以学完十几所大学的课程，还可以掌握二十多种不同国家的语言。这就是说，我们还有90%的潜能处于沉睡状态。要想创造奇迹，仅仅做到尽力而为还不够，必须竭尽全力。

很多时候我们失败了，都会为自己寻找各种开脱的理由：我已经尽力了，只是……其实无数事实和许多专家的研究成果告诉我们：每个人身上都隐藏着巨大的潜能。既然如此，为什么我们没有取得尽如人意的成果呢？主要是由于心理态度与努力程度不够。拿破仑说："真正的智慧就是坚定的决心。"崔健在接受记者采访时也曾说："我活得很痛苦，但这种痛苦是要向上走的痛苦。"

美国成功学大师拿破仑·希尔说："你过去或现在的情况并不重要，你将来想获得什么成就才最重要。除非你对未来有理想，否则做不出什么大事来。"过去已成定局，未来才是希望，未来才可能创造奇迹。

对此，如果要做到事事竭尽全力，你就要给自己提以下几点要求：

1.竭尽全力需要树立坚强的信念

曾经担任过美国足联主席的戴伟克·杜根说过这样一段话："你认为自己被打倒了，那么你就是被打倒了；你认为自己屹立不倒，那你就屹立不倒；你想胜利，又认为自己不能，那你就不会胜利；你认为你会失败，你就失败……生活中，强者不一定是胜利者；但是，胜利迟早属于有信心的人。"

2.竭尽全力应从问题入手

问题是做事的基础。只有理性地分析问题，才能认清事物的本质特征，从而做出正确的判断。

3.竭尽全力应开动脑筋

很多事情并没有固定的模式，在具体解决问题的过程中，只要善于思考，才能准确把握事情的脉络，才能从点看到面，从表面看到本质，找出问题的根源所在，对症下药，迅速解决问题。许多时候，你不仅要用手做事，更重要的是要用脑做事，才能做成事。

总之，如果你有90%想要成功的欲望，同时有10%想要放弃的念头，这样的人是没有办法成功的。不管做什么事，只要放弃了就没有成功的机会；不放弃，就会一直拥有成功的希望。

## 心中有梦，脚下自然有路

我们都知道，任何理想不经过实践和行动的证明，都将是空想。说一尺不如行一寸，也只有行动才能缩短自己与目标之间的距离，只有行动才能把理想变为现实。成功的人都把少说话、多做事奉为行动的准则，通过脚踏实地的行动达成内心的愿望。但任何行动，如果没有一个正确的方向指引，都是无意义的。

诚然，我们渴望成功，都有自己的梦想，但梦想并不是参天大树，而是一颗小种子，需要你去播种，去耕耘；梦想不是一片沃土，而是一片荒芜之地，需要你在上面栽种绿色的植物。如果你要想成为社会的有用之材，就要“闻鸡起舞”，甚至需要“笨鸟先飞”；如果你想创作出不朽之作，就需要呕心沥血……梦想的成功是建立在阶段性的目标基础上的，需要以奋斗为基石，如果你要实现心中的那个梦想，就行动起来吧！去为之努力，为之奋斗，这样你的理想才会实现、才会成为现实。

曾经在非洲的森林里，有四个探险队员来探险，他们拖着一只沉重的箱子，在森林里踉跄地前进着。眼看他们就要完成任务了，就在这时，队长突然病倒了，他只能永远地待在森林里。在队员们离开之前，队长把箱子交给了他们，并告诉他们，走出森林后，把箱子交给一位朋友，他们会得到比黄金还重要的东西。

三名队员答应了队长请求，扛着箱子上路了。前面的路泥泞难走，他们有很多次想放弃，但为了得到比黄金更重要的东西，便拼命走着。终于有一天，他们走出了无边的森林，把这只沉重的箱子交给了队长的朋友，可那位朋友却表示一无所知。结果他们打开箱子一看，里面全是木头，根本没有比黄金贵重的东西，那些木头也一文不值。

难道他们真的什么都没有得到吗？不，他们确实得到了一个比金子贵重的东西——生命。如果没有队长的话鼓励他们，他们就没有了目标，他们就不会去为之奋斗。从这里，我们可以看到目标在我们追求理想的过程中的指引作用！

同样，追求梦想的过程也不是一帆风顺的，无数成功者为着自己的理想和事业竭尽全力、奋斗不息。孔子周游列国，四处碰壁，乃悟出《春秋》；左氏失明后方写下《左传》；孙膑断足后，终修《孙膑兵法》；司马迁蒙冤入狱，坚持完成了《史记》。伟人们在失败和困顿中，用不屈服，立志奋斗，终于达到成功的彼岸。 而当今社会，有很多人却以失败告终，为什么呢？很多人把问题归结于外在，比如，时运不济，天分不够等，持这种观点的人，只看到问题，却看不到解决问题的方法；只看到困难，却看不到自己的力量；只知道哀叹，却不去尝试解决问题。这样的人永远也不可能成功。我们再来看看下面这个例子。

沃伦·巴菲特是2008年的世界首富。巴菲特的父亲是一家大公司的董事长，资产过亿。大学毕业后，巴菲特想接管父亲的公司，但父亲拒绝了他。父亲曾慷慨地把大笔大笔的钱捐给了慈善机构，对巴菲特却异常“吝啬”，不肯给他一分钱的创业资金。巴菲特想到银行贷款，请求父亲给他当担保，父亲又拒绝了他。为了积累创业资金，巴菲特开始了打工生涯。不久，巴菲特就用打工挣来的钱开了一个小店；而后，小店成为了公司；再后来，公司发展壮大了。

白手起家也能成为世界首富，沃伦·巴菲特创造了财富神话！可能很多人会有这样的念头："我们发不了财，是因为我没有富爸爸"，甚至悲叹没有人为自己提供现成的创业资金。这不是很可笑吗？这里，沃伦·巴菲特之所以能缔造自己的财富神话，就是因为他有正确的理念。巴菲特为了解决创业资金问题，想得到父亲的帮助，却遭到拒绝；得不到无偿的资助，想贷款，又没人担保；贷不到款，他干脆就去打工。在巴菲特看来，有问题，就要想解决的办法。在巴菲特面前，没有解决不了的问题；巴菲特没有时间怨恨，没有时间等待，只有迫不及待地行动。这才是白手起家的世界首富的本色！

想成功的人们，从现在起，你只需树立一个正确的理念，调动你所有的潜能并加以运用，你便能脱离平庸的人群，步入精英的行列之中！你要记住以下几点：

1.关注未来，不要满足于现状

独具慧眼的人，往往具备人们所说的野心，是不会为眼前的蝇头小利而放弃追求梦想的，他们一般用极富远见的目光审视未来。

2.为自己拟定阶段性的目标

长期目标（5年、10年或15年）：这个目标会为你指引前进的方向，因此，这个目标能否决定好，将决定你很长一段时间是否在做有用功。当然，长期目标还要求我们不拘泥于小节。

中期目标（1–5年）。也许你希望自己能拥有房子、车子，升职等，这些就属于中期目标。

短期目标（1–12个月）。这些目标就好比是一场淘汰制的歌唱比赛，预赛中的胜出，能鼓舞你不断努力、不断前进。这些目标提示你，成功和回报就在前方，须鼓足干劲，努力争取。

即期目标（1–30天）。一般来说，这是最好的目标。它们是你每天、每周都要确定的目标。每天当你睁开眼睛，就需要告诉自己：今天我要有什么样的突破。而当你有所进步时，它能不断地给你带来幸福感和成就感。

3.不要把梦停留在“想”上

梦想可以燃起一个人所有的激情和全部潜能，载他抵达辉煌的彼岸。但有了梦想，不要把“梦”停留在“想”的层面，一定要付诸行动，制订目标，这才可以带给你真正需要的方向感。

## 比起优势，你更要了解自己的劣势

伟大的科学家爱因斯坦说过：“兴趣是最好的老师。”古人亦云：“知之者不如好之者，好知者不如乐之者。”这就是说，一个人一旦对某事物有了浓厚的兴趣，就会有强大的精神动力去主动求知、探索，以达到感性认识和理性认识的统一，从而形成对事物系统、全面的认识，并且在这个过程中，他还会有愉快的精神体验，进而形成一个良性的循环。正是因为认识到了这一点，古今中外的教育家无不重视兴趣在智力开发中的作用。

而现实生活中，一些人在人生发展的道路上，却把命运交付在别人手上，人云亦云，盲目跟风，他们忽视了自己的内在潜力，看不到兴趣的强大作用，甚至不知道自己到底需要什么，不知道未来的路在哪里。于是，他们浑浑噩噩地度过每一天，甚至在充满各种诱惑的社会大潮中迷失了自己。但如果你能准确地定位自己，认清自己，看到自己的兴趣，那么，你就能充分挖掘到自己的内在潜质，朝着这个方向努力，你就会做回自己，充分发挥自己的价值。

任何一个中国人，都对姚明这个名字耳熟能详，不为人知的是，他在篮球事业上的辉煌来自于他成长过程中的兴趣。然而，他的兴趣并非刚开始就锁定在篮球上。他曾经说过："最重要的就是去做你真正想做的事情，跟着兴趣走。"

在姚明小的时候，他和很多同龄的男孩一样，喜欢枪，喜欢玩游戏，喜欢自由自在的生活，做自己喜欢做的事情。但后来，他开始喜欢看书，尤其喜欢看地理方面的书籍，他的父亲说，有一段时间姚明还对考古发生了兴趣；再往后，喜欢上做航模，他第一次在体工队拿了工资，就去买了航模回来自己做；再后来就喜欢打游戏了。

姚明的家庭是民主自由的，尤其在学习上，他的父母从来不逼迫他，而是以启发为主，重视培养他的兴趣，而这种方式让姚明享受到了学习的乐趣。长大之后，每当有人问起他的童年，他都会说："我是玩过来的，没人逼迫我学习。"

姚明的父母和他当年的老师以及小伙伴都说，其实刚开始他并不喜欢篮球，对当年的他来说，篮球只不过是一种游戏。

直到他9岁的时候，才开始对篮球有点兴趣。到12岁时，他已经非常喜欢篮球这项运动了。父母把他送到上海体育学院，他在那里每天都要打几个小时的篮球。由于姚明住校，离家的路途比较遥远，这使得他有更多的时间打篮球，他对篮球越发专注了。

姚明最喜欢的球员有三个，他们是阿瑞维达司·萨博尼斯、哈基姆·奥拉朱旺和查尔斯·巴克利，姚明还坦言他曾用"萨博尼斯"作为网名。

萨博尼斯是姚明刚开始打球时的偶像。姚明喜欢萨博尼斯打球的方式——娴熟的运球，用不可思议的方式把球传给空位的队友，精准的中远距离投篮。每当他打球时，他都会效仿他的偶像打球的方式。

后来，姚明很关注当时的休斯敦火箭球队。这支球队以另一个敏捷的大个子哈基姆·奥拉朱旺为首，1994年和1995年连续两年赢得NBA的总冠军。姚明迷上了这支球队，也非常崇拜奥拉朱旺。所有这些都使姚明对篮球更感兴趣，也使他打球的动力更足。

从姚明身上，我们可以发现，兴趣能对一个人的成长、个性发展乃至人生道路产生很大的影响。然而，并不是每个人都能让兴趣发挥如此巨大的作用，兴趣的产生也不是与生俱来的，它是在学习、活动中产生和发展起来的。为此，我们若想找到自己真正的兴趣所在就必须做到以下几点：

1.培养自己的好奇心

生活中，我们经常会遇到一些未知的事物，很多人对这些未知事物都采取一笑置之或者漠然的态度，而实际上，这正是培养我们兴趣的关键所在。没有好奇心，就没有探求的欲望，也就谈不上兴趣。比如，你看到美丽的彩虹，那为什么会出现彩虹呢？真的是天女所为？要解开这些问号，就需要你进一步查看相关书籍，了解这些知识，兴趣很可能也就这么产生了。

2. 保持持续的热情

有些人的确有好奇心，但总是只有三分钟热度。比如，有人喜欢弹琴，但持续不了一个月，这样，即使你再有天分，你的弹琴技巧也不会有多大进步。可见，要培养一份兴趣，就要保持持续的热情，每天进步一点，就会把这一兴趣变成生活习惯，长此以往，自然会有所提高。

3. 深入了解

无论做什么事，最怕的就是蜻蜓点水、不求甚解。生活中，有些人兴趣广泛，但却做不到精益求精，这又怎么能真正让兴趣发挥作用呢？

可见，兴趣可以使人智力得到开发，知识得以丰富，眼界得到开阔，并会使人善于适应环境，对生活充满热情。然而，兴趣不只是对事物表面的关心，更需要我们不断培养，并不断坚持！

# 第7章

# 内心坚韧而挺拔，刚柔相济似水人生

郑板桥说：“千磨万击还坚韧，任尔东南西北风。”天助自助者，在困境中依然选择坚强，用微笑迎接每一天的阳光，我们才不会被命运和生活所抛弃。阳光的心态能消融冰雪，乐观的心境自然会化解困难。

## 心若不败，人就永远不会败

有人说："处于不幸中，垂头丧气显然于事无补，我们要做的，除了坦然面对之外，就是改变自己的心态。"当生活的不幸来临时，积极的心态是一个人战胜一切艰难困苦，走向成功的助推器。内心不败，人就不会败。积极的心态，能激发人们自身的所有聪明才智；而消极的心态，就好似蜘蛛网缠住昆虫的翅膀一样，不断地束缚人们才华的施展。在不幸面前，有的人越过越好，而有的人却从此一蹶不振。其实，这两者的区别在于心态的差异：前者所拥有的是积极的心态，而后者却总是一种消极心态。当然，心态是个人的选择，有积极心态的人往往会处于不败之中，一个人若是有了积极乐观的心态，那么，战胜不幸对于他来说就轻而易举了。

这是一个遭遇不幸的家庭，丈夫原来是一家工厂的职工，乖巧懂事的儿子正在读高中。不过，这一切全因为妻子生病而毁了，如今，妻子瘫痪在床，生活不能自理。对此，丈夫不得不辞去工厂的工作，在家里陪着妻子。

看到家里这种情况，懂事的儿子要辍学打工，但是，父母坚决不同意。爸爸对儿子说："如果你不念书了，你妈妈会觉得连累了你，心里会是多么难过。你是咱家最大的希望，现在咱们苦点，等你将来考上大学，毕业后找份好工作，咱们不就翻身了吗？再说家里还有我呢。咱们两个都是男人，这个时候都需要坚强起来，没有过不去的火焰山。”儿子最终没有辍学，学校得知情况后，免去了他的学费。

但是，一家人总是要吃饭，仅仅靠着政府救济是解决不了问题的。丈夫要照顾妻子，不能出去工作，他寻思就在家里弄了一个小作坊，利用自己的手艺做些小工艺品，卖给街上的商店，商店再卖给来旅游的游客。后来，妻子也加入到其中，夫妻俩在家里一边做工艺品，一边说说笑笑，丝毫看不出生活带来的痛苦。

丈夫总是很幸福地对妻子说：“我觉得我们很幸福，天天都在一起，同劳动同吃饭，多好。”丈夫还学会了按摩，每天坚持给妻子按摩两个小时，妻子的病情大有好转，瘫痪的双腿渐渐有了知觉。

如今，妻子在拐杖的支撑下试着练习走路，尽管很痛苦，但妻子还是每天咬牙坚持练习。她说：“尽管医生说过我的双腿不可能再恢复了，但我还是想试试看，奇迹不都是人创造出来的吗？我也想试试，看能不能创造出一个奇迹。”

看完这个故事，或许你根本体会不到这是一个遭遇不幸的家庭，他们跟所有幸福的家庭一样，没有什么痛苦。什么是不幸呢？心若不败，人就永远不会败。积极乐观的心态是成功的起点，消极的心态是失败的源泉。在遭遇不幸的时候，选择了积极的心态，就等于选择了成功的希望；选择了消极的心态，就注定了要走入失败的沼泽。如果你想摆脱不幸，就必须摒弃那种扼杀你的潜能、摧毁你希望的消极心态。

积极的心态能使人看到希望，激起人的斗志。消极的心态使人沮丧、失望，限制和扼杀人的潜能。积极的心态创造人生，消极的心态消耗人生。西部“牛仔大王”李维斯的西部发迹史充满坎坷，充满传奇。他的制胜法宝是：每当受到挫折、遭受打击时，绝不抱怨，并且非常兴奋地对自己说：“太棒了！这样的事竟然发生在我的身上，又给了我一次成长的机会。”对于我们每个人来说，生活和事业不可能一帆风顺，常常会遇到各种困难和挫折，我们必须永远怀有事情还会有转机的乐观心态，才能战胜逆境，获得成功。

## 经历风雨对人生是一种历练

泰戈尔曾说：“自古以来的伟人，大多是抱着不屈不挠的精神，从逆境中挣扎奋斗过来的。”生活中，人们听到“逆境”“挫折”这样的词儿时总是紧皱眉头，郁郁寡欢。在他们看来，逆境意味着绝路，或许，自己再也没有翻身的那一天了。但事实并不是这样的，多少成大事者都是从逆境风雨中走了过来，从而获得了巨大的成功。也许，你会问，同样是逆境，怎么会出现这样大的差别呢？那是因为，在逆境风雨中，那些能坚持下来的人，往往会收获一份意想不到的礼物。或是乐观的心态，或是顽强的斗志，或是困难中的机遇，但是，正是这些逆境中获得的经验与教训，铸就了他们最后的成功。

人生因逆境风雨的历练而变得多姿多彩，也许我们并不欢迎逆境、磨难的到来。但是，当它们与我们不期而遇的时候，请不要调转回头。逆境就好似一个魔鬼，一旦它盯上你，就会对你穷追猛打，不舍不弃。而那些躲避甚至逃跑的人，只会被他欺负得更加悲惨。如果你想成大事，那么，必须经得起逆境风雨的洗礼，经得起失败的打击。成功是需要风雨洗礼的，而一个有追求、有抱负的人，总是视挫折为动力。所谓“能受天磨真铁汉，不遭人嫉是庸才”，逆境，对于天才来说是一块成功的跳板，对强者来说是一笔宝贵的财富。

格哈德·施罗德出生在一个工人家庭，小时候，父亲在远征苏联的战争中牺牲，施罗德兄妹五人与母亲相依为命。有一段时间里，他们住在一个临时搭建的收容所里，尽管母亲每天工作长达14个小时，但仍然不能满足家里的开支。年仅6岁的施罗德总是安慰母亲：“别着急，妈妈，总有一天我会开着奔驰来接你的。”

逐渐长大的施罗德进了一家瓷器店当学徒，后来又在一家零售店当学徒。1963年施罗德加入了民主党。在之后的10年里，他读完了夜校和中学，后又来到格丁根通过上夜大攻读了法律专业。大学毕业后，他获得了律师资格，成为了一名律师，不久之后，他当选为社民党格廷根地区青年社会主义者联合会主席。在以后的日子里，施罗德一直活跃于德国政坛。46岁那年，施罗德再次竞选成功，成为萨克森州州长，就是在这一年，施罗德实现了儿时的愿望，开着银灰色奔驰轿车将母亲接走了。也许，是因为儿时的苦难记忆，施罗德在人生的道路上丝毫不敢懈怠，8年之后，施罗德又一举击败连续执政16年之久的科尔，当选为德国新总理。

童年时期的施罗德曾在杂货铺里当学徒，那时他常说的一句话是："我一定要从这里走出去！"他成功了，而且，比自己想象中走得更远。即使，在成功的路上伴随着困难与逆境，但是，施罗德从来没有把逆境当成一回事，而是善于从逆境中获取自己想得到的礼物。儿时的记忆让他明白：自己必须牢牢抓住隐藏在困难中的机遇，不断地向前行。或许，那隐藏在逆境中的机遇，就是上天给予施罗德的礼物。

卡莉·费奥瑞娜从斯坦福大学法学院毕业以后，所做的首份工作是一家地产公司的电话接线员。费奥瑞娜每天的工作就是打字、复印、收发文件、整理文件等杂活，父母与亲戚对费奥瑞娜的工作感到不满意，认为一个斯坦福大学的毕业生不应该做这些杂活。但是，费奥瑞娜却没有任何怨言，她继续努力工作，同时一边学习。有一天，公司的经纪人向费奥瑞娜问道：“你能否帮忙写点文稿？”卡莉·费奥瑞娜点了点头，凭着这次撰写文稿的机会，她展露了自己卓越的才华。在以后的日子里，卡莉·费奥瑞娜不断努力向前，后来成为了惠普公司的CEO。

卡莉·费奥瑞娜刚开始进入社会的时候，不受重视，只能替人打杂跑腿，接受无端的批评、指责，得不到提携，处于浮萍般的生活中。但是，她并没有选择放弃，而是在逆境中继续忍耐，等待机遇的降临。

任何一个人在成长的过程中，都将经历苦难，那些被困难、挫折击倒的人，必须忍受生活的平庸；而那些战胜苦难、挫折的人，定能够突出重围，赢得成功。逆境所带来的礼物远比它本身更有意义。当然，我们获取礼物的前提条件是你能够坚持下去，否则，你只会永远被列入平庸者之列。

## 只要心中希望不灭，生命的活力就不止

魏尔仑说：“希望犹如日光，两者皆以光明取胜。前者是荒芜之心的神圣美梦，后者使泥水浮现耀眼的金光。”要知道，每一个明天都是希望，无论自己身陷怎样的逆境，都不应该感到绝望，因为我们还有许多个明天。只要未来有希

望，人的意志就不容易被摧垮，前途现实重要，希望比现在重要，人生不能没有希望。只要你保存希望，就永远不会有绝望。生活中，每个人在某个时刻都会面临绝境，但它往往并不是真正的绝境，而是一种精神和信念的绝境。只要你的精神不倒，保存希望，即使在绝境中，也能寻找到希望之花。

在人生的道路上，挫折和逆境都是在所难免的，而那些磕磕绊绊、坎坎坷坷也是我们无法预料的。但是，我们一定要牢牢记住：怀揣希望，永不绝望。在遭遇逆境的时候，不要沮丧忧虑，不管发生了什么事情，无论自己的处境多么糟糕，都不要沉溺在绝望中无法自拔，千万不要让痛苦占据你的心灵。心怀希望，当困难来临的时候，我们才有勇气直面困难、打倒困难，并以顽强的意志战胜困难。亚伯拉罕·林肯在一次竞选参议员失败后这样说道："此路艰辛而泥泞，我一只脚滑了一下，另一只脚也因而站不稳；但我缓口气，告诉自己'这不过是滑一跤，并不是死去而爬不起来'。"因为他怀抱着必胜的希望，所以，他的人生从来没有绝望过。

1832年，毕业于哈佛大学的亚伯拉罕·林肯失业了，这令他感到很难过，他下定决心要成为政治家，去当一名州议员。但糟糕的是，他在竞选中失败了。在短短的一年里，林肯遭受了两次打击，这对他而言无疑是痛苦的。接着，林肯开始自己创业，当即开办了一家企业，可是还不到1年，企业就倒闭了。

在这之后的17年里，林肯都在为偿还企业欠下的债务而奔波劳累。不久之后，林肯又一次参加竞选州议员，这次他成功了，在林肯内心深处有了一线希望，他认为自己的生活有了转机，心想："可能我就可以成功了。"

然而，人生的逆境好像永远没有结束的那一天。1835年，亚伯拉罕·林肯与漂亮的未婚妻订婚了，但离结婚的日子还差几个月的时候，未婚妻却不幸去世，林肯心力交瘁，几个月卧床不起，没过多久，他就患上了精神衰弱症。1838年，林肯觉得自己身体好了些，他决定竞选州议会议长，但是，在这次竞选中他又失败了。再接再厉的精神鼓舞着林肯，1843年，林肯参加竞选美国国会议员，这次他所面临的依旧是失败。但是，林肯却一直没有放弃，他并没有说："要是失败会怎样？"1846年，林肯参加竞选国会议员，这次他终于当选了。但两年任期过去，林肯面临着又一次落选。不过，林肯并没有服输，1854年，他竞选参议员，但失败了；两年之后他竞选美国副总统提名，但是却被对手打败；两年之后他再一次参加竞选，还是失败了。无数的失败并没有让林肯放弃自己的追求，1860年，亚伯拉罕·林肯当选为美国总统。

回顾林肯的一生，似乎全是逆境；但是，在任何时候，林肯都没有放弃过，他始终怀揣着必胜的希望。虽然，与逆境相抗的过程给我们带来了压力和痛苦，但是，这些难忘的经历却有可能让我们赢得成功。

有一个穷人为农场主做事。有一次，穷人在擦桌子时不小心碰碎了农场主一只十分珍贵的花瓶。农场主向穷人索赔，穷人哪里能赔得起。最后被逼无奈，只好去教堂向神父讨主意。神父说："听说有一种能将破碎的花瓶粘起来的技术，你不如去学这种技术，只要将农场主的花瓶粘得完好如初，不就可以了。"

穷人听了直摇头，说："哪里会有这样神奇的技术？将一个破花瓶粘得完好如初，这是不可能的。"神父说："这样吧，教堂后面有个石壁，上帝就待在那里，只要你对着石壁大声说话，上帝就会答应你的。"

于是，穷人来到石壁前，对石壁说："上帝请您帮助我，只要您帮助我，我相信我能将花瓶粘好。"话音刚落，上帝就回答了他："能将花瓶粘好，能将花瓶粘好……"

穷人听后信心百倍，于是辞别神父，去学粘花瓶的技术。一年以后，这个穷人终于掌握了将破花瓶粘得天衣无缝的本领。他真的将那只破花瓶粘得像没破碎时一般，还给了农场主。

难道真的是上帝回答了他吗？其实，他想要感谢的是他自己，那块石壁只不过是一块回音壁，他所听到的上帝的回答，其实就是他自己的声音。只要心中的信念在，希望就在。许多人陷入了逆境，总是悲观绝望，给自己增加很大的压力。事实上，逆境是另一个希望的开始，它往往预示着美好的明天。你只需要告诉自己：希望是无处不在的。那么，再大的困难也会变得渺小，再糟糕的处境也会有所好转。

## 成功需要积累一定的失败经验

爱默生曾说："每一种挫折或不利的突变，总是带着同样或较大的有利的种子。"在失败的背后，往往隐藏着宝贵的经验与信念，事实上，失败是一笔不可缺少的财富。虽然，我们在遭遇挫折、面临失败的时候，心里都会产生一种负面的情绪，但是，如果自己长期深陷其中而不能自拔，失败将会成为你的代名词。美国著名心理学家贝弗利·波特认为，当一个人在工作中的失败感大于他所取得的成就感时，就很有可能对自己的工作失去热情。而当这种失败感以一定的频率固定地出现的时候，他就很容易对自己的工作产生倦怠。面对失败，我们需要做的并不是自甘堕落、自暴自弃，而是要不断积累失败的经验，让失败成为一笔财富。

日本著名实业家原安三朗曾说："年轻时赚100万的经验，并不能成为将来赚10亿元的资本；但损失100万的经验，倒可以培养赚10亿元的经验，逆境是锻炼人最好的机会。"一个不能认识和接受失败的人，也无法看清楚成功的本质。从失败的教训中学到的东西，往往比从成功中学到的还要深刻。成功，总是在经历多次失败之后才姗姗来迟，正确面对失败，才是走向成功的重要素质和能力。

和田一夫21岁那年，自己经营的位于静冈县热海家的蔬菜水果店被一场大火烧毁，和田一夫几乎失去了所有。但是，失败并没有让他放弃希望，他将烧成平地的100平方米土地拿去做抵押，借钱买了块300平米的土地，盖了一个超级市场，开创了日本八百伴。超级市场在和田一夫的经营下，发展得越来越好，这时，和田一夫想带着自己的超级市场进军亚洲，而新加坡成为了进军亚洲的起点。

20世纪70年代初期，和田一夫在新加坡开辟了第一个亚洲市场。1976年，受世界石油危机的冲击，巴西八百伴被迫关门。通过这次教训，和田一夫领悟到："不该死守一个地方，要大胆调动资金、分散资产。"紧接着，八百伴从东南亚"流通"到了台湾、香港地区和中国大陆。20世纪80年代末期至90年代初期，整个亚洲经济处于全盛时期，和田一夫的八百伴集团在16个国家拥有了400多间百货公司，八百伴集团坐上了世界零售业第一把交椅。

1997年，和田一夫的弟弟在日本负责掌管八百伴公司，因被指控欺骗日本财政部而被法庭判定有罪，当时也判定和田一夫结束所有海外企业，回日本受审。当时，日本媒体称和田一夫将资金调动到中国，拖累了日本八百伴。顿时，一夜之间，和田一夫变成了一个连累八百伴股东和员工的罪人。这时，和田一夫做出了决定，宣布“自我破产”，交出所有财物，向企业界告别，搬到一个租来的房子里。

如今，和田一夫成立了“和田一夫企业咨询公司”，他的日常工作就是用电脑给许多企业家回答问题，为企业团体作演讲。同时，他以探讨自己的失败为主要内容撰写了《从零开始的经营学》，这本书成了日本的经典著作之一。对此，和田一夫这样说：“失败是我的财富，我想将这个企业咨询网络像当年的八百伴一样伸展到亚洲，甚至全世界。”

莎士比亚曾说：“逆境使人奋进，苦尽才能甘来。”在人生的道路上，成功没有巅峰，追求没有止境，短暂的荣誉往往会束缚着人们前进的手脚，一时的辉煌往往会消减人们的斗志。而失败，让人痛心更催人奋进，既让人难堪更让人坚定，让人们在放弃时能鼓足勇气，想逃避时拾起自尊。失败是成功的前奏，失败是一笔财富，失败能够使人不断地反省自己，在逆境中奋进，在低谷中抓住机遇，不断冒险与尝试，最后采摘到成功的果实。

杰出的音乐家贝多芬在双耳失聪后，坚持音乐创作并获得了巨大的成功；只受过三年正规教育，被老师认定是一个智力迟钝的学生——爱迪生，在经过不懈的努力之后，成为了伟大的发明家之一。

大量的生活经验告诉我们：失败并不可怕，只要你在失败中不断地积累经验，终究能将失败变成财富。其实，遭受失败并不可怕，关键是要用积极的心态来面对。只要我们能改变心态，把每一次的失败都当作考验自己的机会、超越自己的机遇，那么，我们就不会沉浸在痛苦里，甚至会感谢失败让我们看清了真相，获得了经验。失败会让人变得成熟，它是人生的一笔宝贵财富。

## 淡然面对挫折，才懂得生活的洒脱

生活中，有的人晋升了职位就欣喜若狂，但若是在竞争中败下阵来则会捶胸顿足，好像失去了一切。于是，生活就像是群山一样，高山平谷跌宕起伏。对于生活中的荣辱、金钱、地位，要说自己真的不在乎，那是不可能的，毕竟，人生在世，你所追求的也少不了这些。但是，很多时候，若是你太在乎，将会把自己置于痛苦之境。即使在乎，你更需要懂得淡定，宠辱不惊。花开花落，只是一种人生境遇，你又何苦自寻烦恼呢？淡定是一种生活的态度，更是一种阳光的心境，它会帮助你拨开头顶的乌云。繁华落尽不过是一片苍凉，灯红酒绿之后不过是漆黑的夜晚，所以，应怀着一颗从容淡定的心来面对生活中的得与失、成与败。

淡定是一种阳光的心态，即使面对致命的诱惑，也要以平和、不急不躁、不卑不亢的心态来面对，淡定从容，不以物喜，不以己悲，心境永远不会因人生境遇而大起大落。对于人生中的幸福安乐、荣华富贵，能够看得淡、看得透；能够出乎其中、出乎其外，不会痴迷其中。保持淡定的心，那些人生境遇对你来说不过是过眼云烟。纵然岁月无情地流逝，即使青丝已经变成了白发，从容淡定的人却总能够寻找到生活的乐趣，总是会发现生活不经意间的美。

在宁波与温州之间有个地方叫台州，台州里有个地方谓之黄岩，据说那里生活着一群从容淡定的黄岩女子。

黄岩女子给人的印象总是不冷不热，不温不火，淡定的谈吐，得体的衣饰，就如同飘忽在黄岩天空的云，宁静淡然。黄岩女子喜欢过安逸的小日子，黄岩是个富庶的地方，于是造就了她们“民静而安，素朴而俭”的生活作风。她们善良本分、内心平静，感情细腻朴实，不会好高骛远，更倾向于追求一种安静的生活。也许，她们的眼界不太开阔，心思也不太活跃，有点世故但不令人讨厌，有点拼劲但不会拼命。黄岩女子很会过日子，她们看上去可能不够干练，可能不够精明，但正是这样没有心计的她们反而把简单的生活过出了独特的味道。

她们已经把从容淡定作为一种生活态度，淡定地面对喧嚣的尘世，活出自己的精彩，活出真实的自我。“春卧小楼听夜雨，夏临清池赏新荷，不以秋悲伤怀，不以冬寒蚀志。”如此简单地活着，善良、坦率地活着，品味人生，享受乐趣。

心境淡定，不要为自己的平凡而叹息；心境淡定，不要为了争强好胜而绞尽脑汁。也许，我们已经经历了一次又一次的悲痛，在人生的路途上一次又一次地遭遇挫折与困难。但是，淡定的心境让我们依然能够微笑着面对生活，依然从容淡定地看这个世界的花开花落、云卷云舒。

那一年金融海啸，他辛辛苦苦花了二十年经营的公司倒闭了。整整一个晚上，他没有睡觉，只是一根烟接一根烟地抽着，他想起了很多事情：想起了儿时告别家乡独自一个人上路的情景，想起了自己寄人篱下的辛酸，想起了自己获得人生第一桶金时的喜悦，想起了自己创办公司那天的灿烂阳光……

苦想了那么多，他百思不得其解，为什么那么辛苦创办的公司会在一夜之间化为乌有。早晨，当第一缕阳光照进屋里的时候，他想起了老母亲，想起了母亲经常对自己说的一句话：“阿强，命里有时终须有，命里无时莫强求。对自己，不要太苛刻了。”一瞬间，他想明白了，既然失去了那就失去了吧，任何的抱怨、痛苦都无济于事。

那天早上，他笑容满面地遣散了公司员工，大家都担心地看着他。他显得很平静，反而安慰下属说：“没事，当年我也是一无所有；其实，我不是不在乎公司的失去，只是我知道，我做任何事情也挽回不了，不妨淡定一些，这样我的心里也会好过一些。”

人生道路上有鲜花、有掌声，有多少人能等闲视之？人生路上也有坎坷泥泞、有满地荆棘，又有多少人能以平常心视之？“宠辱不惊，闲看庭前花开花落；去留无意，漫随天外云卷云舒。”对于人生中的种种，我们要拿得起、放得下，既来之，则安之，保持淡定的心态，一花一草便可以是一世界。

# 第8章

# 去做你害怕的事，害怕自然就会消逝

自信是每个人在日常生活和工作中必须具备的一种心理优势，它能够为生活增强信心，能够提升工作效率，而且，信心能影响你事业的成败。幸运的是，对那些缺乏自信的人来说，自信是很容易提升的。

## 信心是你命运的主宰

世界酒店大王希尔顿用200美元创业起家，有人问他成功的秘诀，他说："信心。"而美国前总统里根在接受《SUCCESS》杂志采访时说："创业者若抱着无比坚定的信心，就可以缔造一个美好的未来。"信心是成功的助燃剂，对自己多一份信心，成功就可以多十分。在生活中，许多人对自己缺乏自信，当他们去做一件事情时，总是担忧地说："我觉得这件事不可能做到。"其实，他们在质疑这件事难度的同时也否定了自己的能力。当一件事情还没有开始做的时候，就先否定了自己，到最后，那些本可以成功的事情就真的变成了不可能。信心是一切成功的保证，只要你相信自己，那么，就没有什么不可能。

一天，著名教授普朗克和儿子在花园里散步，他看起来神情沮丧，遗憾地对儿子说："孩子，十分遗憾，今天有个发现，它和牛顿的发现同样重要。"原来，他提出了量子力学假设以及普朗克公式。但是，由于他一直很崇拜牛顿理论并虔诚地将其奉为权威，而自己的发现将打破这一完美理论，他有些怀疑自己的判断，最终他宣布取消自己的假设。不久之后，25岁的爱因斯坦赞赏普朗克的假设并向纵深处引申，提出了光量子理论，奠定了量子力学的基础。随后，爱因斯坦又突破了牛顿绝对时空理论，创立了震惊世界的相对论，并一举成名。

不自信常常会使我们失去成功的机会，或者让我们放慢前进的脚步。由于普朗克对自己缺乏自信，而使整个物理理论的发展停滞了几十年。所以，任何时候，都要相信自己，不要怀疑自己，而且要努力、勇敢地证明自己，这样我们才有可能站在成功的顶峰之上。

从前，有一个美国青年，他个子很矮，内心很自卑，30多岁依然一事无成，整天坐在公园里唉声叹气。一天，好朋友找到他，兴高采烈地对他说："我告诉你一个好消息！"他不相信，没好气地说道："我哪有什么好消息。"朋友高兴地说："真的是好消息，我看到一份杂志，里面有一篇文章，讲的是拿破仑有一个私生子流落到美国，这个私生子又生了一个儿子，他的全部特点跟你一样：个子矮矮的，讲的是一口带有法国口音的英语……"他半信半疑："真的是这样吗？"但是，他不愿意相信这是事实。可是，当他拿起那本杂志琢磨了半天，最后终于相信了自己就是拿破仑的孙子。

这一发现让他完全改变了自己的内心。以前，他老觉得自己个子矮小，非常自卑，而现在，他开始欣赏自己的这一特点。他心想：矮个子有什么不好！我爷爷就是靠这个形象指挥千军万马的。以前，他觉得自己的英语讲得不好，像个乡巴佬一样，但是，现在，他却为自己带法国口音的英语而自豪。

他变得无比自信起来，每当遇到困难的时候，他就对自己说："在拿破仑的字典里是没有'难'字的。"就这样，他一直相信自己就是拿破仑的孙子，他克服了一个又一个的困难，三年之后他成为一家大公司的董事长。后来，他请人去调查自己的身世，发现自己其实并不是拿破仑的孙子，但是，他却这样说："现在我是不是拿破仑的孙子已经不重要了，重要的是我懂得了一个成功的秘诀：人生不能没有自信。"

当这位自卑的青年受到某种刺激的时候，也激发了他的自信心，于是，他重新振作精神，并开始努力实现自己的人生目标。艺术大师徐悲鸿曾说："人不可有自负，但不可无自信。"如果这位美国青年还是那样自卑，或许，他到现在也还是一事无成。

在生活中，有许多身有残疾或者处于逆境中的人，他们之所以能取得旁人难以想象、难以达到的成就，正是因为他们有一股强大的精神动力——自信心。一个自信心很强的人，他会相信自己的力量，无论什么样的困难与挫折都不能阻挡他前进的步伐，从而赢得成功。相反，一个对自己缺乏自信的人，他看不到自己的力量，看不到自己的优点与长处，在追逐成功的过程中，他失去了克服困难的信心和勇气，最终，只能面对失败，与成功失之交臂。人生需要有自信心，永远不放弃，坚定地走下去，那就没有什么不可能。

## 人多不足以依赖，要生存只有靠自己

一位来自城里的记者询问在夜间忙碌的农民："为什么要在夜间翻地呢？"农民回答说："在夜间翻地，野草的生长率会降到2%，但若是让野草得到一缕阳光，它们便会快速增长，生长率高达70%呢。"听到这样的回答，记者惊呆了，并不是因为快速生长的野草会影响农作物，而是被野草的生命力所感动。野草，本来是多么不起眼的小生命啊，但是，因为那一缕阳光，就可以怀抱自信，冲破黑暗，沐浴阳光。连野草这样卑微的生命都对自己充满了信心，而我们为什么要自卑呢?

自卑是一种因过多的自我否定而产生的自惭形秽的情绪体验。其实，在生活中，几乎每个人都有自卑，只是程度不同而已。适度的自卑能够激励人们发奋努力，获得成功。但是，过度的自卑，则会影响一个人的心理、行为，乃至事业成就。那些对自己缺乏信心的人过度关注自己的生理缺陷和能力的不足，导致其心理承受能力十分脆弱，经不起较强的刺激。他们很容易对他人产生猜疑、嫉妒心理，行为上总是畏首畏尾、瞻前顾后。由于自卑，或许他们本可以成为优秀人才，但是，因看不到自己的特长，不敢发挥自己的优势，最终只能碌碌无为。自卑，就好似一个陷阱，阻碍人们继续前进。因此，我们要丢掉自卑，让自信的阳光洒满心房吧。

有一天，一个高傲的武士前来拜访禅宗大师。他本是一个出色且颇具威名的武士。但是，当他看到外表俊朗的大师时，竟不由得自卑起来。他对此很不解，对大师道出了心中的疑惑："为什么我会感到自卑？仅仅在一分钟以前，我还是信心满满的。但是，当我刚跨进你的院子，便突然变得自卑起来。以前，我从来没有过这种感觉，我曾无数次面对死亡，但从没感到过恐惧，为什么现在我感觉有些惊恐了呢？"

大师对他说："请你耐心地等一下，等这里所有的人都离开后，我会告诉你答案。"前来拜访大师的人络绎不绝，武士焦急地等待着。到了晚上，武士急不可待地说："现在，你可以回答我了吧。"大师说："到外面来吧。"

院子里，明月挂在天空中，发出皎洁的光辉。大师说："看看这些树，那棵树高入云端，而它旁边的一棵树却还不及它的一半高。但是，它们已经在这里很多年了，从来没发生过什么问题。一棵这么高，一棵这么矮，为什么我却从未听到抱怨呢？"

武士领悟了，他回答说："因为它们不会比较。"大师回答说："那么你就不需要问我了，你已经知道答案了。"

其实，很多时候，自卑是源于人们内心的比较，越比较越觉得自己处处不如人，结果，内心就越来越自卑。但所谓“天生我材必有用”，上天从来都是公平的，它会眷顾每一个人。当它为你关上一扇门的同时，总会为你打开另一扇窗。不过，如果你总是怀着自卑之心，又怎么能得到上天的眷顾呢？自信是一个人跨越成功门槛的动力，丢掉内心的自卑，提升自信，这样，你向前的脚步将会变得更加坚定、轻盈。

俄国著名戏剧家斯坦尼夫斯基，有一次在排演一场话剧的时候，女主角突然有事不能演出了。斯坦尼夫斯基实在找不到人，只好叫他的大姐担任这个角色。大姐以前只是一个服装道具管理员，现在突然要出演主角，内心很自卑胆怯。结果，演得很差，引起了斯坦尼夫斯基的不满。

有一次在排练节目的时候，他突然停下来，说：“这场戏是全剧的关键，如果女主角仍然演得这样差劲儿，整个戏就不能再往下排了！”顿时，全场都安静了下来，大姐很久都没说话，突然，她抬起头来，说：“排练！”一扫内心的自卑、羞怯，演得非常自信、非常真实。斯坦尼夫斯基高兴地说：“我们又拥有了一位新的表演艺术家。”

拿破仑说：“只要有信心，你就能移动一座山。只要坚信自己会成功，你就能成功。”可是，在生活中，拥有自信心的人并不多。自信本身并不神奇，也不神秘，但是，如果你相信自己确实能够做到，自然就会信心百倍。

读过《简爱》这本书的人都会被那个自信的女孩所吸引，

书中，那个家财万贯、性格孤僻的庄园主罗杰斯特为什么会爱上地位低下而又其貌不扬的家庭教师呢？答案其实很简单，因为简爱自信、自尊，富有人格的魅力。正是这种自信的气质与魅力，使她获得了罗杰斯特由衷的敬佩和深深的爱恋。有人在研究当代世界名人的成长经历之后都会发现，这些名人对自我都有一种积极的认识和评价，表现出相当的自信。坚定的自信心，不仅使人在事业上不断进取，达到既定目标，而且使人在性格上重塑自我，增添人格魅力。

## 成功在于信心，一切的奇迹在你自己

在《圣经》中有这样一句话："你的成功取决于你的信心。"事实上，自信往往能产生奇迹，相信自己的人，总是充满着极大的热情和力量。简单地说，那些在信心庇护下的人能从许多担忧和焦虑中解脱出来。自信的人，有行动的自由，他的能力也能得到自由发挥，在这种自由下能取得一定的成就是可想而知的。试想，一个人的思想若是受到了担忧、焦虑、恐惧或无把握感的束缚和妨碍时，他的大脑就不可能有效地指挥自己去完成某些事情。信心是一块伟大的基石，往往能造就奇迹。信心使人们的力量倍增，更使人们的才能增加数倍，如果没有信心，将一事无成。即使是一个有着卓越能力的人，一旦他对自己或对自己的才能失去信心，那他就会迅速地失去力量，变得不堪一击。

杰克·韦尔奇出生在一个典型的美国中产阶级家庭，父亲在铁路公司工作，每天早出晚归，因而，培养孩子的任务就落在了母亲的身上。与其他母亲不太一样，她对韦尔奇的关心表现在更注重提升他的能力和意志上。母亲是一位十分有权威的人，她总是让韦尔奇觉得自己什么都能干，教会韦尔奇独立学习。每当韦尔奇的行为有所不妥，母亲总是以正面而有建设性的意见唤醒他，促使韦尔奇重新振作，母亲虽然话不是很多，但总令韦尔奇心服口服。

母亲一直抱持着这样的理念：坦率的沟通、面对现实、主宰自己的命运。她将这三门功课教给了韦尔奇，使得韦尔奇终生受益。母亲告诉韦尔奇："要掌握自己的命运就必须树立自信。"韦尔奇到了成年以后还是略带口吃，但是母亲安慰韦尔奇："这算不了什么缺陷，只不过思维比开口快了一些。"正是母亲给予的这份自信，让口吃不再成为阻碍韦尔奇发展的绊脚石，而且成为了韦尔奇骄傲的标志。美国全国广播公司新闻部总裁迈克尔对韦尔奇十分钦佩，甚至开玩笑地说："他真有力量，真有效率，我恨不得自己也口吃。"

以韦尔奇的中学成绩应该可以进美国最好的大学，但是，由于种种原因，他最后只进了麻州大学。刚开始，韦尔奇感到十分沮丧，但进入大学以后，他的沮丧变成了幸运。他后来回忆这段经历时说道："如果当时我选择了麻省理工大学，那我就会被昔日的伙伴们打压，永远没有出头的一天。然而，这所较小的州立大学，让我获得了许多自信，我非常相信一个人所经历的一切都会成为自信的基石，包括母亲的支持、上学取得的学位等。"韦尔奇的大学班主任威廉这样评价他："他总是很自信，他痛恨失败，即使在足球比赛中也一样。"1981年，韦尔奇成为了历史上最年轻的CEO，他是通用电气公司董事长。而自信成为了通用电气的核心价值观之一，韦尔奇这样说："所有的管理都是围绕自信展开的。"

韦尔奇这样解释他的成功："我们所经历的一切都会成为我们建立信心的基石。当你被选为一支球队的队长时，当你在球场中选队员时，你就掌握了这支队伍，然后事情就这么发生了，渐渐地，你会习惯这些经验，而且人们也会信任你，给予你善意的回应。"谁能想到一个略带口吃的人会成为令世界瞩目的名人呢？或许，在很多年以前，韦尔奇自己也不相信，可就是因为自信，他缔造了一个奇迹。

1796年的一天，在德国哥廷根大学，19岁的高斯吃完了晚饭，开始做导师单独布置给自己的、每天例行的三道数学题。高斯很快就把前面两道题做完了，这时，他看到了第三道题：要求只用圆规和一把没有刻度的直尺，画出一个正17边形。高斯感到非常吃力，时间很快就过去了，但是，这道题还是没有一点进展。高斯绞尽脑汁，但是，他很快发现自己学过的所有数学知识似乎都不能解答这道题。不过，这反而激起了高斯的斗志，他下决心：我一定要把它做出来！他拿起了圆规和直尺，一边思考一边在纸上画着，尝试着用一些常规的思路去找出答案。

天快亮了，高斯长舒了一口气，自己终于解答了这道难题。见到导师，高斯有点内疚："您给我布置的第三道题，我竟然做了整整一个通宵，我辜负了您对我的栽培……"导师接过了作业，当即惊呆了，他用颤抖的声音对高斯说："这是你自己做出来的吗？"高斯有点疑惑："是我做的，但是，我花了整整一个通宵。"导师激动地说："你知不知道，你解开了一道有两千多年历史的数学难题！阿基米德没有解决，牛顿没有解决，你竟然一个晚上就做出来了，你才是真正的天才！"原来，导师误把这道难题交给了高斯，每次高斯回忆起这一幕时，总是说："如果有人告诉我，这是一道有两千多年历史的数学难题，我可能永远也没有信心将它解出来。"

生活中处处充满奇迹，只要你相信就一定能实现。信心使你坚信自己一定能成功，信心能开启守卫生命真正源泉的大门，正是借助于信心，你才能发掘出伟大的内在力量。在很多时候，你的人生是辉煌还是平庸，是伟大还是渺小，都将与你的信心成正比。现实生活中的许多人都不相信自己，他们甚至不知道信心为何物，在他们看来，这个世界并没有什么奇迹。其实，这都是源于他们对自己缺乏信心。要知道，信心能使我们站得高、看得远，能使我们站在高山之巅，眺望远方充满希望的大地。

# 就算是路人甲，也有存在的价值

生活在这个世界，许多人都会认为自己是渺小的、容易被忽视的。他们心里常常会这样想：我不过就是一个小人物，又能有多大的作为呢？在这样的心理作用下，他们变得越来越自卑，不敢相信自己，甚至，否定自己的能力与学识。其实，谁不是渺小的呢？但是，我们更应该记住，即使再渺小的人和物，他们都有着不可替代的作用。哪怕是路边不起眼的一株小草，也为这个世界增添了一抹动人的绿意。或许，它在你眼里也是极其渺小的，甚至是可以忽略不计的。但是，它们对于这个世界，依然有不可或缺的作用。更何况我们还生存着，拥有着生命，我们对于这个世界更有着不可替代的作用。

他们家三代单传，爷爷和父亲都是农民，他觉得自己一定要有出息。可是，成绩还不错的他在高考时落榜了，失望中的他偶然听到“自古军营多俊才”，于是想：说不定自己到部队还能干出点名堂、混出个模样来。他怀揣着梦想来到了部队，做了一名普通的通信兵。刚开始的时候，他很高兴、自豪。可是，日子久了，整天不是爬杆架线就是打线结，要不就是背着线跑来跑去，他开始犹豫了，当个小卒有啥用？他开始食不甘味，什么也不想干了。

有一次，他与战友下象棋，一开局，他就开始发起了猛攻，“炮当头”“把马跳”“出车”“走相”，你来我往，各不想让。却没想到，战友将不起眼的小卒用得很好，小卒过河之后，竟撵着他的车、马躲躲闪闪，最终他输在了对方的小卒上。“怎么样，小卒子挺厉害吧？”战友面带微笑地望着他。他虽然嘴上说厉害，但心里还是不服，于是他又请对方再来了一局，结果他还是输在了小卒上，这下他真的服了。

原来，不起眼的小卒也有着不可替代的作用。

“小卒过河赛大车”，小卒，看起来不起眼，但是，它发挥出的作用却是很大的。或许在生活中，我们只是平凡岗位上的一名普通职员，不过，即使在最平凡的岗位上依然可以做出不平凡的事情来。无论你从事多不起眼的工作，都为这个社会带来了利益，那就是你不可替代的作用。

所谓“小卒过河胜似车”，特别是小卒过了河就有万夫不当之勇。在那楚河汉界，车马炮看见小卒过了河，也不免得心惊肉跳，即便是再威武的将军，最后也免不了有可能被小卒吃掉的下场。或许，在生活中，我们就是那不起眼的小卒：可能是街边的清洁工，可能是普通的小职员，可能是一个小士兵，可能是一个普通的服务员。我们既没有显赫的身世，也没有卓越的能力，每天所做的就是安分守己地贡献自己微薄的力量。也许，我们没有自信的筹码，但是，别忘记了，你依然是社会中的一份子，你的工作、你的事业依然跟所有人是联系在一起的。这就像是一条链子一样，若是少了其中的一环，也会影响到链子本身的功能。因此，千万不要忽视自己的作用，相信自己，小卒过河胜似车。

# 对自己微笑的人，生活总会眷顾他

面对成功者，有人这样提问："你保持自信的秘诀是什么？"成功者笑着说："因为我有一个很好的习惯，刮完了胡子，洗完了脸，我会给镜子里的自己一个微笑，每天坚持这个习惯，令我一整天都信心十足。每次遇到了问题，我总是安慰自己，我是最棒的。"原来，对自己微笑是增强自信心最有效的方法之一，当我们内心感到自卑的时候，不妨送给自己一个微笑，你会发现，你所遇到的困难远没有你想象中那么糟糕，而你会很有信心去应付这一切。要知道，一个微笑足以让内心的自卑无所遁形。林肯曾说："多数人快乐的情形，跟他们所决心要快乐的差不多。一些打工者，他们的生活是艰苦的，但我们还是看到许多快乐的脸孔，这脸孔无异于在大城市的空调办公室里所看到的。"林肯自信的方法就是对自己微笑，于是，在多次竞选失败之后，他最终成为了美国历史上伟大的总统之一。

李嘉诚在谈到自己的经营秘诀时说："其实并没有什么特别，不过是光景好时不过分乐观，光景不好时不过度悲观。"事实上，保持乐观的心态就是一种自信，而自信的直接表现方式就是微笑。拥有自信微笑的人，他们在任何时候运气都不会太差，因为上帝眷顾那些有着生命信念的人。菲尔普斯从小就开始练习游泳，他一直告诉自己："我要做专业运动员，我要拿奥运金牌，我要打破记录。"在北京奥运会之前，菲尔普斯曾微笑着说：“我要拿八枚金牌。”当时，有许多人都嘲笑他，但是，他最终凭着自信的微笑打破了世界记录，个人荣获了八枚金牌，也因为自信而造就了成功。

小王大学毕业后，进入了一家大公司。不过，虽然自己拿着名牌大学的毕业证，他却只得到了一个办公室文员的职位，这令小王十分苦恼。另外，由于小王不太善于表现自己，内心有着强烈的自卑感，使得自己的才能无法施展出来。过了一段时间后，小王觉得压力越来越大，没有丝毫精神，甚至莫名其妙地失眠了。他觉得自己心理有了问题，一个星期天，他走进了一家心理咨询中心。面对医生，小王倾诉了心中的苦闷，不过，医生并没有给他任何的劝导，而是提出一个小小的要求：“每天早晨起床后，什么都不要干，先对着镜子里的自己微笑一下。在一天的工作中，如果感到苦闷了，就找到有镜子的地方，送给自己一个微笑。”小王半信半疑，但是，还是照心理医生的话去做了。

一个星期过去了，小王又去了医院，医生问他：“感觉怎么样？情况是否有所改观？”他感慨地说：“真没想到，这个办法真的很灵验。”原来，刚开始照镜子的时候，小王被自己的样子吓了一跳：眉头紧皱，满脸沮丧，活脱脱一张苦瓜脸。虽然，以前他也会对着镜子剃须、洗脸，但那时都是面无表情，小王意识到自己好久没有认真地审视过自己了。他想着以前自己是一个快乐的小男孩，记得自己以前也是喜欢笑的，可是，当他第一次对自己微笑的时候，却发现笑容变得十分僵硬。

后来，小王开始每天对镜子里的自己微笑，他在镜子里看到了一个快乐的自己，他感到浑身的力量又回来了。他开始有意或无意地展露自己的才华，不久之后，他就被提升为部门助理。

讲述完自己的改变之后，小王有些疑惑地问医生："请问这是什么道理呢？"医生笑着说："你对自己微笑，其实就是在不断地给自己加油打气，微笑赶走了你内心的自卑感，你变得信心十足，因此，你的生活和工作都有了较大的改观。"听了医生的话，小王恍然大悟，同时，将"对自己微笑"作为自己的座右铭。

有人说："一个人的才能固然重要，但相信自己一定能成功的信念才是决定成败的关键因素，因为在遇到同样的挑战和失意时，自信的人和自卑的人采取的处理方式会截然不同。"提升自信心最有效的途径就是：每天出门之前，站在镜子前挺直腰板，然后，嘴角上扬，记住，一定要将最灿烂的笑容挂在脸上。从内心真正流露出来的微笑，将给予自己最强大的力量；抛弃内心的自卑，它会让你重新焕发出耀眼的风采，而这恰恰是自信的魅力。

一个成功的推销员曾说："一个面带微笑的人永远受欢迎，因为这不仅仅是友好的表现，更是自信的表现。"因此，当他在进入别人的办公室之前，他总是停下来，想一些他必须感激的事情，露出一个真诚的微笑，然后，当微笑从脸上消失的那一瞬间走进去。然而这一点，正是他成功推销保险主要的因素之一。如果你还处于自卑之中，那么，请给自己一个微笑，让内心的自卑无所遁形，从而有效地提升自信心。

# 第9章

## 真金在烈火中炼成，勇气在困难中培养

胆怯是一种影响心智的疾患，在面对机会的时候，胆怯往往使人止步不前，同时也让机会乘隙溜走。内心胆怯的人缺乏肩负责任的勇气，他没有能力担任任何重要职位；内心胆怯的人总是把今天能做的事情推到明天，而“明日何其多”。但是，在任何时代，永远都是无畏者胜。所以，要战胜内心的胆怯，挣脱束缚，享受没有禁锢的精彩。

# 在创新思想中砥砺前行

无论我们做什么事情，如果总是在别人用过的套路中打转转，那只会束缚自己的思维。这时你应该做的，就是跳出框框，别被固有的思想禁锢住。当经验在大脑里越积越多，甚至形成一种思维定式的时候，人们总习惯用自己的价值标准和思维模式来评判事物，其实，这就是所谓的“思想僵化”。通常情况下，越是在机遇面前，一个人的心理越是趋于保守，就越容易陷入这样的困境，他就很难去做任何事情。生活在这个变幻莫测的时代，如逆水行舟，不进则退。如果你不愿意创新自己的思想，总有一天，你将会被这个社会所淘汰。

匈牙利人在20世纪40年代发明了圆珠笔，由于这种笔易于书写和便于携带，所以一经问世便风靡全球。可好景不长，这种圆珠笔在使用一段时间后，就会出现漏油的现象，会弄脏纸张及衣袋。

对此，圆珠笔发明者及很多研究圆珠笔的人对于漏油问题都反复进行了深入的研究，他们发现：在书写时笔珠受到磨损，墨油就从磨损部位流出来。他们将注意力一直集中在对笔珠的研究上，拼命提高笔珠的耐磨性。当他们把笔珠的耐磨性改善后，笔珠与笔杆接触的耐磨问题又冒出来了。

而日本人中田藤三郎却发现了其中的奥秘。在他看来，圆珠笔是个很有发展前途的商品，假如能改进它的漏油问题，将会获得比圆珠笔的发明者更多的财富。他仔细分析了圆珠笔的结构及出毛病的原因，也总结了许多人对解决漏油问题的失败经验。最后，他采取逆向思维，获得了防止圆珠笔漏油的方法。

他的方法很简单：通过反复试验，统计圆珠笔写到多少字后漏油，在掌握这个数字的基础上，他着手把笔芯的装油量减少，使之在圆珠笔磨损开始漏油之前就用完，这样，再也无油可漏了。笔芯的油用完了，可换支笔芯，圆珠笔可继续使用。

在解决圆珠笔漏油的问题上，中田藤三郎并没有被固有思维的框框套住，而是采取逆向思维，因而巧妙地解决了难题。人和动物最根本的区别在于有思想，能进行思维活动，但是，思想也是需要推陈出新、不断更新。否则，总是被固有的陈旧思想束缚，只会一事无成。

在美国纽约街头，有一位卖气球的小贩，每次当自己的生意不怎么好的时候，他就会使用这样的方法：向天空放飞几只气球。这样一来，就会吸引一些小朋友来围观，自己的生意又会好起来，那些被气球吸引过来的小朋友都争着买他的色彩绚丽的气球。

有一天，当他向空中放飞几只气球的时候，发现在一大群围观的孩子中间，有一个黑肤色小孩，他用一种疑惑的眼神看着天空。小贩很奇怪，他在看什么呢？顺着黑肤色孩子的眼光看去，发现空中正飘着一只黑色的气球。这只黑色气球是否代表着他自己呢？

小贩走上前去，用手轻轻地抚摸着黑肤色孩子的头，微笑着说："孩子，黑色气球能不能飞上天，在于它心中有没有想飞的那一口气，如果这口气够足，那它一定能飞上天空。"

在当时的美国，种族歧视十分严重，黑肤色人在美国社会根本没有什么地位。难道黑肤色人就真的没有办法像黑气球一样飞上天空吗？或许，在几百年前，美国白色人种不会相信有一天黑肤色人也会坐上总统的位置，那是固有的思想。但是，在今天，相信所有的美国人都知道，黑肤色人种一样可以很好地统治美利坚合众国。当然，几百年来，无数的黑人并没有被固有的思想所束缚，他们一直在努力，终于，跳出了框框，而奥巴马则成为美国第一任黑肤色人总统。

成功者说："财富是想出来的。"其实，一个人要想成功，不仅仅要养成思考的好习惯，还需要不断地创新自己的思想。开阔思路，扩展思维，这样，你才能更大限度地获取有益的信息，从而促成自己取得辉煌的成就。对于那些敢于冲破固有思想的人来说，他们永远不会跟随众人的固有思维模式，而是会独辟蹊径，那是他们身上的一种特质。新思想是击破思维定式的有效武器，无论是在思考的开始，还是在其他某个环节上，当我们的思考活动遭遇了障碍，陷入了某种困境难以再继续下去的时候，就需要思考一下：自己的头脑是否被固有思想所束缚，自己是否被某种思维定式捆住了手脚？

## 大胆展示自己，自信表达心中想法

在生活中，我们一贯主张“谨慎做事”，这本来是一个很重要的做事准则。但是，凡事都有两面性，优点和缺点会互相转化。做事谨慎是好事，但是，如果一个人做事过于谨小慎微，就会使自己的胆子越来越小，只能眼睁睁地看着机会从眼皮底下大摇大摆地溜走。很多时候，需要大方做事，换句话说，就是做事时要有一股闯劲，不能畏首畏尾，否则只会误了大事。如果在做任何一件事情时，你都前前后后计算多次才去做，那么，恐怕机会早就被别人抢走了。

而且，做事太过于谨小慎微往往会出差错、惹麻烦。一件事情，如果想好了就应放开手去做，凭着一股闯劲，在做事情的过程中，你可能会克服困难，取得成功。但是，如果你太留心这件事，即便你最初很执着、很用心，却因为你做事太谨慎、太计较，就很容易出错，惹来一些不必要的麻烦。在生活中，许多人一遇到事情就如临大敌，左思右想，反反复复考虑某些问题。其实，当你在谨慎策划的时候，别人很可能已经捷足先登了。因此，做事应大方，想好了就去做，战胜内心的胆怯，千万不要畏首畏尾，过分谨小慎微只会让你错失良机。

三国时期，司马懿极具军事才能，但是，由于他做事太过于谨小慎微，竟中了诸葛亮的“空城计”。

街亭失掉后，魏将司马懿乘势引大军十五万向诸葛亮所在的西城蜂拥而来。但是，诸葛亮身边没有大将，只有一班文官，所带领的五千军队，也有一半人去运粮草了，只剩下两千五百名士兵在城里。众军听到司马懿带兵前来的消息都大惊失色。诸葛亮登城楼观望后，对众军说：“大家不要惊慌，我略用计策，便可教司马懿退兵。”

于是，诸葛亮传令，将所有的旌旗都藏起来，士兵原地不动，如果有私自外出以及大声喧哗者，立即斩首。同时，让士兵把四个城门打开，每个城门之上派二十名士兵扮成百姓模样，洒水扫街。而诸葛亮本人则披上鹤氅，戴上高高的纶巾，在望敌楼前凭栏坐下，慢慢弹起琴来。

司马懿的先头部队来到城下，见到这种气势，不敢轻易入城，便急忙返回报告司马懿。司马懿听了，哈哈大笑：“这怎么可能？”于是，他亲自前往观看，看到此般情景，疑惑不已。做事一向谨小慎微的他不敢贸然闯入，只好下令军队撤退。

后来，司马昭说：“莫非是诸葛亮家中无兵，所以故意弄出这个样子来？父亲您为什么要退兵呢？”司马懿说：“诸葛亮一生谨慎，不曾冒险，现在城门大开，里面必有埋伏，我军如果进去，正好中了他们的计，还是快快撤退吧！”

等到各路军马都撤退以后，诸葛亮的士兵问道：“司马懿乃魏之名将，今统十五万精兵到此，见了丞相，便速退去，何也？”诸葛亮说：“兵法云，知己知彼，百战不殆。如果是司马昭和曹操的话，我是绝对不敢施此计的。”

诸葛亮说的这番话，其实是意指司马懿本身是一个做事谨小慎微的人，他从来不打没有把握的仗。一旦他觉得前面有埋伏，就会选择撤退，而诸葛亮恰恰算准了他这样的心理。虽然，谨小慎微让司马懿做成了不少成功的事情，他却偏偏因过分谨慎而中计了。

每个人都有自己的追求，或金钱，或名望，或权力，或爱情，或崇高的理想信念，等等。不同的是，有的人在欲望的驱动下一往无前并成功了，而大多数人面临的，不是止步不前就是难堪的失败，这是为什么呢？当我们观察那些所谓的成功人士的时候，你会发现他们身上有一个共同点——敢想敢做。当我们有一个好的想法，或当我们面临一项艰巨的任务时，不要畏惧，而是要迅速行动起来。瞻前顾后，谨小慎微，只会给你带来恐惧，而一旦行动起来，就可以随时调整，最终成就大事。

在生活中，许多做事太小心的人，他们一辈子都活在胆怯中，有了好的机会，瞻前顾后；有了好的事情，不敢上前，畏首畏尾。结果，一直到生命终结的那一天，他们还是很胆怯，在他们的一生中，可能没做成一件大事。而做大事者，应该没有任何束缚，也没有任何禁锢，他们乐得轻松，不胆怯，不犹豫，大方做事。

## 勇于承担责任，才能走向成功

爱默生说："责任具有至高无上的价值，它是一种伟大的品格，在所有价值中处于最高的位置。"如果你想要更出色，就不要害怕承担责任，因为责任是你走向成功的起点，责任是超越自我的必要条件，责任往往能成就一个人。无论做什么事情，只要认真地、勇敢地担起责任，你就能得到别人的尊重。在生活中，每个人都扮演着不同的角色，而每种角色又承担着不同的责任，我们最大的成功就是完成自己的责任。因为内心的责任感会让我们在困难时咬牙坚持下去，在成功时保持清醒的头脑，在绝望时坚决不放弃。承担责任，在某些时候，并不单单是为了自己，也是为了别人。

在生活中，有许多人习惯寻找各种理由为自己没有完成的事情找借口，以推卸责任，他们将本该自己承担的责任转嫁给他人。试想，一个逃避困难、不敢承担责任的人，势必缺乏做事的能力和魄力，没有人会相信他能做好事情。在做事的过程中，放弃责任就等于放弃了成功的机会，因为强烈的责任感能激发一个人的潜能。我们经常可以看见这样一些人，他们缺乏最基本的责任感，当有人强迫他们工作的时候，他们才勉强应付。这样，他们又怎么会发挥出自己的潜能，怎么会有自己的魄力呢？

有一个小姑娘到东京帝国酒店做服务员，这是她进入社会的第一份工作。但是，让她万万没有想到的是上司会安排她去洗厕所。而且，上司对她的工作要求很高：必须把马桶擦洗得光洁如新！

怎么办呢？是接受这份工作，还是另谋职业？小姑娘陷入了矛盾之中，这时，一位曾洗过厕所的先辈不声不响为她做了示范，当他把马桶洗得光洁如新的时候，他竟然从中舀了一勺喝了下去。看到对方的工作态度，小姑娘明白了什么是工作，什么是责任。

于是，她迈出了职业生涯漂亮的第一步，同时，也踏上了成功之路。后来，她所清洗的厕所，从来都是光洁如新的，而且，她也不止一次喝过马桶里的水。几十年过去了，她现在已经是日本政府的邮政大臣了，她就是野田圣子。

在生活中，惧怕承担责任的人屡见不鲜，但是，逃避责任却是一件不光彩的事情。那些不敢于承担责任的人，他们往往打着这样的借口："这不是我的错""我不是故意的”“本来不会这样的，都怪……”“这不是我做的事情”，等等。其实，这些都是他们逃避责任的借口。只是，当他们成功地推卸责任的同时，他们也失去了做事应有的魄力。因为，一个敢于承担责任的人，总是充满着魄力，浑身洋溢着无尽的神采。

阿基勃特是美国标准石油公司的一名小职员，他平日待人很诚恳，工作十分努力，但是，他给人印象最深刻的还是那个绰号——每桶四美元先生。

原来，阿基勃特每次出差住旅店的时候，他总是会在自己签名的下方，认真地写上这样一行字“标准石油每桶四美元”。而在平日来往的书信和各种收据上，只要是他的签名，他也一定会写上那句话。时间长了，同事不再叫他阿基勃特先生，而是称他为“每桶四美元”先生了。

有一天，这件事情被公司上层知道了，就连公司当时的董事长洛克菲勒也听说了这件事。洛克菲勒很惊奇地说：“本公司竟然有这样的职员，他无时无刻不在宣传公司的产品，我一定要见见他。”于是，他热情地邀请了“每桶四美元”先生共进晚餐。

后来，洛克菲勒董事长卸任，“每桶四美元”先生，也就是阿基勃特先生成为了标准石油公司的董事长。

其实，签名的事是标准石油公司任何一名员工都能做的事情，但是，却只有阿基勃特做到了。或许，在当初嘲笑他的人中，肯定有不少有才有志的人；但是，因为缺乏“每桶四美元”先生的那么一点责任感，到最后，只有阿基勃特成为了董事长的接班人。

责任使人进步，逃避使人退步。一个优秀、有魄力的人，应该怀有很高的责任感。对自己负责，对自己所做的一切负责任，无论那些事情是对还是错。但是，在现实生活中，敢于承担责任的人早已经微乎其微。在一个严重错误发生之后，大多数人会为自己找借口，或者把责任推到相关人的身上，因为害怕自己承担后果，他们选择了逃避责任、推卸责任。但是，在任何年代，那些敢于承担责任的人都是勇敢的、无私的，责任成为了他们不断前进的动力。

## 有一种高级修养，叫“从不比较”

科南特说：“垃圾是放错了位置的财宝，对哈佛大学来说，重要的不是出了7位总统和30多位诺贝尔奖获得者，而是让进哈佛的每一颗金子都发光。”其实，每个人都是独一无二的，你可能就是那一颗等待发现的金子。不过，在现实生活中，多少人却为“比较心”所拖累。他们处处与人比较，总觉得自己不如别人优秀，将自己禁锢在一个小角落，不能大展拳脚，最终难成大事。事实上，对于每一个人来说，命运是公平的，每个人都有自己的价值，这是不容置疑的。为什么不尝试着做自己呢？“比较心”只会给我们带来失落、沮丧、嫉妒，更严重的是，比较之后，自己会变得胆小、不自信，开始质疑自己的能力，甚至还会变得自暴自弃。

每个人都梦想着成为最优秀的那一个，事实上，我们真的可以成为那样的人。在这个世界上，没有谁能够禁锢自己，只有你自己。如果你自己总是怀着“比较心”，时时怀疑自己，那么，你的能力永远没有办法施展出来。如果你总是习惯与别人比较，胆小怕事，不敢相信自己，逐渐忽略自己、迷失自己，或许，未来的你将会一事无成，而且，有可能你的余生将在烦恼和抱怨中度过。

一位学者到了风烛残年的时候，感觉自己的日子已经不多了，他想考验和点化一下自己那位看起来很不错的助手。于是，他把助手叫到床前说：“我需要一位最优秀的传承者，他不但要有相当的智慧，还必须有满满的信心和非凡的勇气……这样的人直到目前我还没有见到，你帮我寻找和发掘出一位，好吗？”助手坚定地回答说：“好的，好的，我一定竭尽全力去寻找，不辜负您的栽培和信任。”

于是，这位助手就开始想尽一切办法来为老师寻找继承人，然而，每次他领来的人都被学者婉言谢绝了。有一次，已经病入膏肓的学者挣扎着坐起来，拍着助手的肩膀说：“真是辛苦你了，不过，你找来的那些人，其实还不如你……”半年之后，眼看学者就要告别人世，但最优秀的人还是没有找到，助手十分惭愧，泪流满面地对老师说："我真对不起您，令您失望了！"学者叹息着说道："失望的是我，对不起的却是你自己……本来最优秀的人就是你自己，只是你太胆怯了，不敢相信自己，总是与他人相比较，才把自己给忽略、耽误、丢失了……其实，每个人都是最优秀的，差别就在于如何认识自己、如何挖掘和重用自己……"话还没有说完，学者就永远离开了这个世界，而那位助手一辈子都活在了深深的自责之中，因为他辜负了老师的期望。

有的人明明颇有才华，但因为内心的胆怯，他们不敢相信自己就是最好的。他们缺乏对自己应有的自信，而他们认为找回自信的途径就是不断地与他人比较，殊不知，越比较就越觉得自己一无是处。这个过程中，他们把自己禁锢在一个狭小的空间，让自己的才华得不到施展。

约翰上中学的时候，成绩中等，但是，他最大的特点就是喜欢与同学比较成绩。结果，本来成绩还可以的他，在经过一番"比较"之后越来越差。最后，老师只好对他说："你已经无可救药了。"身边的同学也看不起他，约翰感到十分沮丧，他觉得自己这辈子也不会有什么出息了。

有一天，老师在班里兴奋地宣布，将有一位著名的学者到班上做实验。约翰心想，这和自己有什么关系呢？不过，约翰从同学那里了解到，这位学者是研究人才心理学的，据说他有一台神奇的仪器，能预测出谁未来会获得成功。约翰有点生气，心想：这和我更没有关系，我成绩这么差，班里成绩比我优秀的人太多了。想着，约翰干脆出门玩去了。

在同学们殷切的期盼中，著名学者终于来了，老师神秘地点了5个同学的名字，其中包括约翰。约翰感到十分紧张，难道自己又要受批评？来到了办公室，那位著名的学者讲话了："孩子们，我仔细研究你们的档案和家庭以及现在的学习情况，我认为你们5个人将来会成大器的，好好努力吧。"约翰感到一阵眩晕，以为自己听错了，可是，看着在场人的表情，约翰知道这是真的。原来自己并不是最差的，自己与那些成绩优秀的人是一样的，约翰的成绩很快就上来了，再也没有人说他是无可救药了。

在平常的学习生活中，约翰常常与那些所谓的尖子生比较，结果，越比较越泄气，内心的怨气让他开始"破罐子破摔"，他自然而然地将自己划入"失败者"这一行列，而这样的结论正是在长期的比较中得出来的。

比较的根源是内心胆怯、不自信，因为不自信、缺乏勇气，所以才想通过比较来找回自信和勇气。可是，大多数人在比较中不仅没能找回自信，反而变得更自卑、更胆小。其实，在比较的过程中，热衷于玩比较游戏的人最累，他总是在焦虑着、担心着，到最后绝望着、无奈着。事实上，只要你做好自己，抛去心中的比较思想，你一样可以成为别人嫉妒、羡慕的对象。

# 顺应环境，不惧怕陌生

一个人总是要看陌生的风景，结识陌生的人，甚至，生活在一个陌生的环境里。因为这个世界是变幻莫测的，如果我们固执地待在原点，那么，我们将不能适应这个世界的变化，并会逐渐被这个世界所淘汰。当然，对于大多数人来说，他们更喜欢接触熟悉的人和事，因为熟悉，少了内心的那份恐惧。而在陌生的人和事面前，人们往往会乱了阵脚，多几分胆怯，他们不知道自己该说什么话，该做什么事情，甚至，他们根本不知道自己应该把手放在哪里才好。既然，陌生的风景、陌生的人、陌生的环境是我们无法拒绝的，为什么不尝试着去慢慢接受呢？其实，人生就是在适应中体味快乐的历程，我们又何苦惧怕陌生呢。

“陌生”这个词儿常常会唤起人们内心的胆怯，他们害怕去接触陌生，更害怕自己从一个熟悉的环境到一个全新的环境。其实，这样的心理是可以理解的，从陌生到熟悉，需要一个漫长的过程。但是，如果你换一个角度，就会发现，所谓的“陌生”其实就相当于一个新奇的探索之旅。在陌生的环境里，你会结识新的朋友、新的同事；你会有一间跟以前全然不同的房间。或许，你早就厌倦了之前的摆设，趁着这个机会不是可以重新装饰吗？你会有一种新的生活方式，以前那循规蹈矩的生活你早就厌倦了，为什么不趁着这个机会改变呢？在适应陌生的过程中，其实你一直都能体会到那种“新奇”的快乐，因为一切的一切对于你来说都是未知的、新鲜的，自然也是其乐无穷的。

成功大师拿破仑·希尔曾讲述了这样一个故事：

一位将军去沙漠参加军事演习，妻子塞尔玛需要随军驻扎在陆军基地里。沙漠干燥高热的气候和全然陌生的环境令塞尔玛感到很难受，而身边又没有可以倾诉的人，陷于孤独的塞尔玛经常给父亲写信，在信中透露出自己想回家的强烈愿望。然而，拆开父亲的回信，只有短短的两行字：“两个人从牢中的铁窗望出去，一个看到泥土，一个却看到了星星。”父亲的回信令塞尔玛十分惭愧，她决定要在沙漠里寻找星星。

从此以后，塞尔玛开始与当地人交朋友，彼此之间互相赠送礼品，闲来无事，她开始研究沙漠里的仙人掌、海螺壳。慢慢地，她迷上了这里，通过亲身的经历，她还写了一本书《快乐的城堡》。

沙漠并没有改变，当地的印第安人也没有改变，是什么使塞尔玛的生活发生了巨大的变化呢？心态，当然是心态。以前惧怕陌生环境的塞尔玛看到的只是泥土，但是，当这样的心态发生变化之后，她开始慢慢适应这个陌生的环境，并在适应中追寻到了快乐，甚至，她在沙漠里找到了星星。

王先生热衷于结交朋友，而他最擅长的就是与陌生人打交道。有朋友问他：“面对陌生人，你不害怕吗？”

王先生哈哈大笑，回答说："我这个人可从来不提倡'不要和陌生人说话'，相反，我觉得与陌生人聊天乃是人生的一大乐趣。前不久我回老家，坐在拥挤的大巴车里，人们用熟悉的乡音聊天，一位年逾七十的老大爷跟我们讲了他参加革命的故事，我就特别喜欢，时而询问两句，看着他那颤动的皱纹，我觉得自己又多了一个陌生的朋友。虽然，下车后我们各奔东西，可能以后都不会见面了，但是，他所讲述的那些故事，以及他这个人，都有可能成为我讲给别人的故事。至今我仍记得，我曾跟这样一位陌生的大爷在一辆拥挤的大巴车上热情地聊天。"

朋友笑了，问道："也难怪你为什么能说那么多好听的故事，不认识你的人还以为你经历了很多事情呢？"王先生笑着说："其实，那些故事都是来源于陌生人。人们常说要'行万里路'，事实上，我与那些不同的人打交道，听不同的故事，认识不同的人，又何尝不是行万里路呢？所以，对于我来说，比起那些熟悉的朋友，我有时候更愿意接触陌生人。"

与陌生人结识其实就是一段新奇的旅程，在这段旅程里，你会结识不同的人，会了解他的秉性、长相、说话方式，以及发生在他身上的故事。其实，在这个世界上，对我们来说并没有什么完全陌生的东西，因为一切陌生的事情都会慢慢地变得熟悉起来。那熟悉的过程，事实上就是体会快乐的过程。有时候，快乐就是如此简单，比如听别人的故事。

# 第10章

# 好脾气宛如晴天，到处流放着光亮

世界如此美妙。有让人心驰神往的风景名胜，有让人垂涎欲滴的佳肴美食，有让人心情愉悦的书籍音乐，有让人温暖幸福的爱情友情。面对这美好的事物，你忍心让自己的嫉妒、暴躁、生气这些不良情绪毁掉它吗？要有一颗淡泊宁静的心，用它来享受这美妙的一切，此中真谛，正如《菜根谭》中有所说：“此身常放在闲处，荣辱得失，谁能差遣我；此身常安在静处，是非利害，谁能瞒昧我。”

## 放下浮躁的心态，做最好的自己

一个人可以没有漂亮的外貌，也可以没有显赫的家世，甚至没有优雅的气质，但一定要有良好的修养，这是一个人立足于世的根本。要想成为一个有修养的人，首先要戒掉浮躁之气。现在，请你认真思考一分钟，想想自己现在的生活是怎样的。你是不是常常心不在焉，常常坐卧不宁，常常没有耐心做完一件事，常常计较自己的得失，常常感到身心疲惫，常常急于成功……你到底是怎么了？其实原因很简单——太浮躁了。

有修养的人给人的感觉是沉稳、含蓄的，他们的心态犹如打太极拳时那般心平气和、不急不躁。其实，自古以来，中国人都在劝诫人戒骄戒躁。《论语》说："欲速则不达，见小利则大事不成。"还有"小不忍，则乱大谋""三思而后行"，等等。如今，中国经济正在高速发展，物质水平不断提高，人的心态和处世态度本应该继承古人所倡导的沉稳，然而，不少人似乎少了耐心，多了急躁；少了冷静，多了盲目；少了脚踏实地，多了急于求成。

浮躁是一种情绪，一种并不可取的生活态度。人浮躁了，会终日处在又忙又烦的应急状态中，脾气会暴躁，神经会紧绷，长久下来，会被生活的急流所挟持。做个有修养的人，则要心存高远，更要脚踏实地，这个道理并不难懂。

我们所处的世界——车水马龙、霓红闪烁、别墅洋楼、鱼翅燕窝……在这样一个充满诱惑的时代，面对这一切，人便不能自已地浮躁起来。似乎你什么都想得到，似乎这些在你心中是最美的。但你的心灵呢？我们应该让它安静下来，还它最初的美丽。

我们不妨来看看下面的这则故事。

三伏天，禅院的草地枯黄了一大片。

“快撒些草籽吧，好难看啊。”徒弟说。

“等天凉了，”师傅挥挥手，“随时。”

中秋，师傅买了一大包草籽，叫徒弟去播种。秋风突起，草籽飘舞。“不好，许多草籽被吹飞了。”小和尚喊道。

“没关系，吹去者多半中空，落下来也不会发芽，”师傅说，“随性。”

撒完草籽，几只小鸟即来啄食，小和尚又急了。“没关系，草籽本来就准备多了，吃不完，”师傅继续翻着经书，“随遇。”

半夜一场雨，弟子冲进禅房：“完了，草籽被冲走了。”

“冲到哪儿，就在哪儿发芽，”师傅正在打坐，眼皮抬都没抬，“随缘。”

半个多月过去了，光秃秃的禅院长出青苗，一些未播种草籽的院角也泛出绿意，弟子高兴得直拍手。师傅站在禅房前，点点头："随喜。"

在这个故事中，徒弟的心态是浮躁的，常常为事物的表象所左右，而师傅的平常心看似随意，其实却是洞察了世间玄机后的豁然开朗。师傅不急不躁，能保持一种淡然的心态，就能清晰地看到事物内部存在的相互间的因果关系，做到"天理自乍见时充拓，如磨陈镜，光彩渐增"。反之，则成了"惮其难，而稍为退步"。最后请记住：浮躁是人生最大的敌人，无论你是要获取幸福快乐，还是要获取成功，都必须要拭除心灵深处的浮躁。

有良好修养的人懂得宽恕和包容，一个懂得宽恕的人是个心态平和的人，也是一个能抓住幸福的人。反之，则会心浮气躁，自寻烦恼；喜怒无常，患得患失；这山望着那山高，静不下心来。也会耐不住寂寞，稍不如意就轻言放弃，从来不肯为一件事倾尽全力。比如看书，书在眼前像梦境一样凌乱难懂，即使强迫自己看下去，意识也只是在字面上一掠而过，什么也没记住，心思根本不在书上。也就是说，只是具备了一个看书的姿态和形式，实际效果其实等于零。浮躁往往会使你烦躁难耐，任何事情都会让你大动干戈。好事来了，往往会兴奋得难以自制，甚至得意忘形。但如果有坏事光临，便会立刻如坠入万丈深渊，痛不欲生，仿佛世界末日来临一样。"不可理喻""蛮不讲理"等标签会贴在一个没有修养的人身上，事实上，它们都是由浮躁情绪衍生出来的。

如果你的日常生活已经被浮躁情绪所困扰，有一个很简单但有效的方法能克服它，那就是两个字——认真。如果我们能安下心来认真做一件事情，就没有做不好的。我们做事情很多时候都是半途而废，在开始的时候是一腔热血，然后是热情消退，最后是完全放弃。是什么原因让我们放弃呢？是浮躁的心理，是急于求成、不愿面对困难的浮躁心理。我们总是想着事情的最后成果，急于看到我们所做的工作的成果，而这些却不是一天两天能看得出来的，所以我们就觉得这些工作是没有意义的，于是选择了放弃。

如果能够坚持，真正地静下心来，认真地去学习、工作，我们就会得到更多的收获。只有拭去心灵深处的浮躁，才能找到幸福和快乐，那么，幸福和快乐在哪里？幸福和快乐其实就在人的心里。只要你愿意，随时都可以支取。很多时候，我们都亟须在心中添把火，以燃起某些希望；而另外很多时候，我们又都亟须在心中洒点水，以浇灭某些欲望。这时，你会感觉到，其实我们很幸福、快乐。

## 生气时，请学会冷静下来

人怒气冲冲时会做些什么？把理性消费抛到脑后奔向商场疯狂购物，把无辜的男朋友当作出气筒朝他乱吼一通，或者在减肥大计快要看到曙光时却开始无节制进食？的确，这种为图一时痛快而失去理智的行为让你觉得怒气得到了释放。不过，发泄之后呢？你很可能要为后半个月捉“金”见肘的日子发愁，可能担心男朋友受不了你的坏脾气而分手，或者因又一次减肥失败而懊恼不已。造成这些不良后果的原因只有一个：怒气让人失去了理智。

人的怒气有时如滚滚波涛，来势汹汹。虽然适当的情绪释放是必要的，但控制不好就会泛滥成灾，这时就需要修筑堤坝来防止泛滥，这个堤坝就是理智。理智可以使人爱之有度、乐之有限、怒之有时、哀之有节。人是要有理智的，要学会“制怒”，控制自己的情绪。

快要下班的时候，赵颖和同事晓露因为工作上的事发生了一些争执。两人谁也没说服谁，最后闹得很不愉快。回到家，赵颖仍然怒气未消。

吃过晚饭后，赵颖打开电脑，发现晓露给她发了一封邮件。赵颖心里疑惑，白天才跟她闹翻，怎么这么快就给我发邮件？况且有什么事情，不能在办公室里说呢？不过她还是忍不住打开了邮件。

她轻轻地点击了一下附件，只听见“砰”的一声响，电脑屏幕上出现了一堆什么也看不清的乱码和马赛克现象，乱码上还有一些大红的色彩。除了这些，别的就什么都没有了。

这封邮件彻底激怒了赵颖。赵颖认定晓露利用邮件给她传了一个电脑病毒，于是立刻拨通了晓露的电话。

“喂！晓露，你太过分了！居然给我发病毒攻击我的电脑！我们只是工作上起了一些争执，没想到你的报复心理这么强！”电话刚一接通，赵颖就劈头盖脸地朝晓露吼起来。

“……”晓露并没作声。

“怎么不说话？是不是觉得理亏不敢承认了？”赵颖接着质问晓露。

“呵呵。”晓露轻声笑了一下。

“你觉得这样很开心？！”听到晓露的笑声，赵颖更加生气。

“赵颖，你是一个很好的工作伙伴，但就是太容易发火了。你看看你电脑屏幕右下角那行绿色的小字。”晓露平静地说。

赵颖看了下电脑屏幕，果然如晓露所说有行小字，写着“请退后两步，再看这封邮件”。赵颖按照提示向后退了两步，发现刚才的那些乱码已经变成了清晰的“抱歉”两个字，而那些大红的色彩，也变成了一颗温暖的心。此时，赵颖终于明白晓露的用意：她是在用心向自己道歉！此时，赵颖不由得为自己刚才因为生气而一时失去理智的行为感到惭愧。

平静后的赵颖很感谢晓露让她意识到了自己的缺点，并向晓露表达了歉意。在后来的工作中，赵颖和晓露消除了心中的隔阂，成了公司里最出色的黄金搭档。

从赵颖的邮件事件中，我们应该明白一个道理：人丧失理智的时候，就不能被正常的思维所控制，头脑中已不存在正常人应有的理性。理智是靠大脑控制的，大脑失控，理智自然丧失，会变得不可理喻、暴跳如雷，甚至丧心病狂。

一个有理智的人，往往能及时意识到自己情绪的变化，以及由此而产生的后果，因而能迅速控制自己的情绪。当怒气从心头刚升起时，马上会意识到这样做不对，于是很快冷静下来，用理智减轻自己的怒气，这样就不会使用粗俗的语言侮辱别人，更不会因为一时冲动做出让自己后悔的行为。愤怒是七情六欲中表现得最为激烈的负面情绪，是诉诸言语或行动的宣泄方式，也特别具有侵略性和破坏性。因为愤怒，人会失控，做出不该做的事。愤怒是一种自然的情绪表现，所以我们视它为理所当然，可是如果处理不好，无法妥善面对自己的愤怒，还可能会衍生各种心理及精神问题。

看过《林则徐》电影的人可能还记得，林则徐在墙上挂着“制怒”的条幅，那就是为了提醒自己及时调节情绪。在发现自己怒火中烧的时候，一定要赶快提醒自己：现在我应该控制一下自己的情绪了。当你在动怒时，最好让理智先行一步，你可以自我暗示，口中默念：“别生气，这不值得发火”“发火是愚蠢的，解决不了任何问题”。也可以自己在即将发火的那一刻向自己下命令：不要发火！坚持一分钟！一分钟坚持住了，好样的，再坚持一分钟！二分钟坚持住了，我开始能控制自己了，不妨再坚持一分钟。三分钟都坚持过去了，为什么不再坚持下去呢？所以，要用你的理智战胜情感。

“冷处理”可以给人一个冷静思考的时间和一个解决问

题的平静环境。有些事件不是当时非处理不可的，就过两天再谈；如发生口角，先停下来，过两天双方都心情平静了再解决问题，就会减少些怒气。愤怒会使人失去理智、意气用事，进而做出过分的行为及说出过激的言语，而给人“行事愚妄”的印象。心理学家说：“发怒乃片刻的疯狂，会使人失去理性，如果你不控制你的这种情绪，情绪就必控制你。”

人生总是充满着喜怒哀乐。遇到种种不愉快的事情时，人要提醒着自己：怒气会让人愚蠢。要想不生气，就要时时注意心性的修炼，就要加强自我修养。其中，理性的思考、平和的心态是平息怒火、变生气为长志气的法宝。

## 人的一生需要静心做事

人不会在流动的水面上去映照自己的形象，只有在清澈平静的水面上，才能看清楚自己的容颜。同样，人需要行动或决策时也要保持平静的心态，这样才能抑制自己躁动的心绪，不至于产生让自己后悔莫及的不良后果。

我们的生活像一条时而平静时而奔涌的河流。平静的生活总会被突如其来的变故打破，它们大至学业、工作、事业、恋爱婚姻，小至为人处世、日常起居。人在面对这些不期而至的事情时，应做到平心静气，抱以平常心。无论做什么事，不可强求，顺其自然就行，不必自寻烦恼。

周太太有一座美丽的花园，园子里长满了争奇斗艳的花朵。但是要打理这个花园并不是一件轻松的事。才过几天，院子里水泥方砖的缝隙里又长满了杂草，周太太不得不拿着工具去除杂草。因为方砖的缝隙很窄，加上她最近身体有些发福，蹲了没多久就腰酸背痛，看着那些杂草也很恼怒。

女儿放学回来看见她在除草，觉得有趣，也过来帮忙。女儿一边跟她讲今天学校里发生的好玩的事情，一边用稚嫩的小手除草，周太太看着女儿干得这么起劲，心情也好了一点。不过，正在她们要干完的时候，女儿不小心弄疼了手指，眼泪马上流了下来。虽然手指并没有流血，但她还是哭个不停。

本来就已经很疲劳的周太太被女儿这一哭弄得更烦了，马上就要发起火来。但是转念一想，其实本来是自己心情烦躁，不应该把女儿当成出气筒的。于是，她压住怒火，对女儿说“你看看这些草，能够从怎么狭小的缝隙里长出来，它们是多么顽强啊，你应该像它们一样坚强！”

女儿定睛看着脚下的青草，擦着眼泪点点头。她们继续干活，忽然女儿说：“草长出来这么艰难，我们就留几棵吧。”周太太答应了女儿的要求，结束了她们的除草活动。留下的几棵草越长越高。有一天，周太太下班回家，女儿高兴地对她说：“草儿开花了！”

那几棵长在角落里的草果然开出了星状的小花，这些小花给她的花园增添了另一番别具一格的景色。周太太想：前些天它们还是给我带来麻烦的杂草，现在竟然成为我家院里最早开花的植物。生活中总是有着接二连三的烦恼，其实它们只是生活的一部分，如果我们平心静气对待它们，烦恼也会开花的……

从周太太的故事中我们可以得到启示，遇到烦心事一定要保持平心静气。要是她没控制好自己的情绪，对女儿大发雷霆，不仅会给女儿幼小的心灵留下阴影，也不会收获花园里那一道独特的风景。正是由于及时保持平心静气，才没做出让自己后悔的事情。生活在尘世之中的人保持平静的心态是一件非常重要的事。因为这样你才不会说错话、做错事，它会让人消除紧张、忧虑、压力，回到平常生活中来，从而能充分地准备应对将要到来的第二天。

第二次世界大战结束的前几天，有人说杜鲁门总统比以前任何一位总统更能承受总统职务的压力与紧张，认为职务并没有使他衰老或者吞噬了他的活力，认为这是很了不起的事，特别是身为一个战时总统，要应对很多难题，就更加显得不简单了。对此，杜鲁门总统的回答是："我的心里有个掩护自己的散兵坑。"他又说,像一个战士退到散兵坑以保护自己一样，他可以定时地退入自己心里的散兵坑去休息、静养，不让任何事情打扰他。

其实，杜鲁门总统的散兵坑就是我们上面所说的平心静气的态度。作为一个战时总统，他面临决策的压力要比我们正常人不知多了多少倍。但他内心平静，犹如一间安静的房子，像是海洋深处不受侵扰的地方，可以全然不顾海面上的惊涛骇浪。平心静气的人在遇到困境时，除了会本能地承认事实、摆脱自我纠缠之外，还有一种趋利避害的思维习惯。这种趋利避害，不是为了功利，而是为了保持情绪与心境的稳定与明亮。

某些人天生就是沉着冷静的人，心情不会有太大的变化。但有些人则不然，心情很容易发生变化，不但别人摸不清，自己也很苦恼。不过，还是可以通过一些方法来协助你保持一种平静心情。比如你可以每天抽出一段时间来思考自己的心情变化，如果有什么收获，就把它记在自己的心情日记上，日积月累，你会掌握自己每天的情绪起伏，强化保持心情平静的动力。或者找个好朋友倾诉内心的急躁与焦虑，好朋友可以给你至关重要的建议，甚至解决问题的最好方法。当你发现无论如何也不能冷静下来的时候，试试用冷水洗脸。冷水会降低皮肤的温度，消除心里的急躁。闭目养神深呼吸，把眼睛闭上几秒钟，再用力伸展身体，可以使你心神安定。

此外我们还可以学习宗教中的静坐和冥想。打坐不仅有利于腿部经脉的疏通和血液流通，有益于身体健康，更重要的是它能让人静下来、沉下去，是一种让我们重新认识自我的方式。当我们感到快乐的时候，很难静下心来；反之，痛苦难过的时候，也很难静下心来，而打坐看似简单，但却是非常有效的帮助你沉静下来的方式。

# 学会忍让和包容是一种大度

著名思想家卢梭在他的著作《爱弥尔》中说过：“忍耐是痛苦的，但它结出的果实是甜美的。”愚者快乐一时，痛苦一世；智者痛苦一时，快乐一世。聪明的人应该了解忍让是一种大智大勇的表现，忍让会让人不计较一时的高低、眼前的得失，而是胸怀全局，着眼未来。忍让也是一种美德，拥有这种美德的人会以宽广的胸怀、无私的心灵去容纳和感化他人。忍让更是一种人生境界，它可以帮助人平静地面对荣辱得失、爱恨纠葛，不以物喜，不以己悲，笑看花开花落，最终会收获一份丰厚的人生果实。

一家瓷器店营业员面对一位十分挑剔的女顾客，给她拿了好几套瓷器，她挑了半个钟头还没选中。因顾客太多，营业员就先照应别的顾客去了。

这位女顾客以为冷落了她，便把脸一沉，大声指责说：“喂，你这是什么态度，你眼睛没有看见我先来吗？为什么扔下我不管？”她把钞票往柜台上一扔，命令道：“快给我拿，我还有急事！”这话真够刺耳难听的。

然而，营业员不愧是劳动模范，他没和她“一般见识”，安排好其他顾客后，便和颜悦色地对她说：“请你原谅，我们店生意忙，对你服务不周到，让你久等了，我服务态度不好，欢迎你多提宝贵意见。”

营业员这几句忍让而谦逊的话一出口，那位女顾客的脸一下子红了，转而难为情地说：“我说话不好听，也请你原谅。”

从这件小事中我们可以看到营业员以忍让对待生气的顾客，表面上“似水柔情”，实际上“力胜千钧”，因此产生了积极的效果，既维护了商店的形象，也让顾客意识到了自己无理。人要明白：忍让的态度，由于充满了对对方的尊重、宽容和理解，本身就有一种感化力，这种感化力有助于达到你想要的结果。

另外，当你不愿让命运来主宰你的一切，而又没有反击命运的能力时，切记，要学会忍让！儒家与道家都强调忍让的重要性，只有忍到最后一刻才会出现意想不到的变化，才有希望看到转机，才能收获甜蜜的结果。或许人向往一帆风顺的生活，可是必须面对曲折的人生。其实所谓的一帆风顺只是对自己心灵的一种安慰而已，唯有坚信奋斗不息才能成为命运的主人。而在这一步步的努力中，你必须学会忍让！

有一位年轻人毕业后被分配到一个海上油田钻井队工作。在海上工作的第一天，领班要求他在限定的时间内登上几十米高的钻井架，把一个包装好的漂亮盒子拿给在井架顶层的主管。年轻人抱着盒子，快步登上狭窄的、通往井架顶层的舷梯，当他气喘吁吁、满头大汗地登上顶层，把盒子交给主管时，主管只在盒子上面签下自己的名字，又让他送回去。于是，他又快步走下舷梯，把盒子交给领班，而领班也是同样在盒子上面签下自己的名字，让他再次送给主管。

年轻人看了看领班，犹豫了片刻，又转身登上舷梯。当他第二次登上井架的顶层时，已经挥汗如雨，两条腿抖得厉害。主管和上次一样，只是在盒子上签下名字，又让他把盒子送下去。年轻人擦了擦脸上的汗水，转身走下舷梯，把盒子送下来。可是，领班还是在签完字以后让他再送上去。

年轻人终于开始感到愤怒了。但他尽力忍着不发作，擦了擦满脸的汗水，抬头看着那已经爬上爬下了数次的舷梯，抱起盒子，步履艰难地往上爬。当他上到顶层时，浑身上下都被汗水浸透了，汗水顺着脸颊往下淌。他第三次把盒子递给主管，主管看着他慢条斯理地说：“把盒子打开。”

年轻人撕开盒子外面的包装纸，打开盒子——里面是两个玻璃罐：一罐是咖啡，另一罐是咖啡伴侣。年轻人终于无法克制心头的怒火，把愤怒的目光射向主管。主管又对他说：“把咖啡冲上。”此时，年轻人再也忍不住了，“啪”地一声把盒子扔在地上，说：“我不干了！”说完，他看看扔在地上的盒子，感到心里痛快了许多，刚才的愤怒发泄了出来。

这时，主管站起身来，直视着他说：“你可以走了。不过，看在你上来三次的份上我可以告诉你，刚才让你做的这些叫作‘承受极限训练’。因为我们在海上作业，随时会遇到危险，这就要求队员们有极强的承受力，以承受各种危险的考验，只有这样才能成功地完成海上作业任务。很可惜，前面三次你都通过了，只差这最后的一点点，你没有喝到你冲的甜咖啡，现在，你可以走了。”

从这个故事里，我们应该学到一个关于忍让的哲理。忍让，大多数时候是痛苦的，因为忍耐压抑了人性。但是，收获往往就是在你忍受了常人所无法承受的痛苦之后，才会出现在你面前的，千万不要只差那么一点点就放弃了。

## 感悟生活，学会豁达和放空自己

生气是人们日常生活中最常见的负面情绪之一。由于大多数人心思细腻，把事情看得太细、太认真，一旦有些事情违背了自己的准则或信念时，就会陷入生气这种不良情绪中。现代都市中的女性大多具有良好的教育背景和独立的思想，她们都有自己的信念系统和价值系统，她们会区分别人应该怎么样才是对的，自己应该怎么样才是对的，一旦别人或自己的一些行为违背了这些标准，她们就会不高兴和生气。

人并不能到达寺院高僧那种超然于世、不喜不悲的境界，生气在所难免，不过生气确实会给人带来不好的影响。只有意识到这种危害，才能让人理智地控制这种不良情绪的蔓延。

英国历史上有一位有名的剑手叫欧玛尔。他在练习剑术的同时也一直在修炼自己的心态，让自己不带一点儿怒气作战，所以一直保持长胜不败。

他曾与一个与他势均力敌的对手比武，但三十年一直未分高下。一次决斗中，对手忽然露出一个致命的破绽，欧玛尔趁势持剑挑到他身上，一秒钟就可以将敌手杀死。但是敌手突然朝他脸上吐了一口唾沫。欧玛尔顿时停手了，说：“你起来吧，我们明天再打。”那个敌手死里逃生，同时也怔住了，但是却不明白他为什么要这样做。

欧玛尔说：“刚才你朝我吐唾沫的瞬间我的确动了怒气，这时杀死你，我就再也找不到胜利的感觉了。所以我希望调整心态之后我们明天重新开始。”他的敌手听了欧玛尔的一番话顿时肃然起敬，同时为自己的行为感到羞愧，因此放弃了和欧玛尔的较量并拜他为师。最后欧玛尔的剑术也练得出神入化了，纯正平和的心态使他成为一名一流的剑手。

这个故事给人这样的启示：当一个人怒气冲天的时候，暴躁地发泄或疯狂就会使他丧失理智，从而抑制了他的智慧与能力，事情的结果必将向不利于他的方向发展。只有以纯正祥和的心态做事时，才能使自己的智慧充分发挥，达到最佳的效果。由此可见，气急败坏只不过是无能的表现，人如果能通过修炼彻底消除心中的怒气，那才是真正的了不起！

生气不仅让人失去冷静、无法理智思考，还会影响到人的健康与容貌。经常生气、发火、多怒的人，大多表情阴沉，颜面灰暗无光。因为总爱生气，会使人的面部皮肤紧缩，容易出现皱纹，未老先衰。生气易致怒，面部皮肤在连续不断的“怒火刺激”下会色泽变暗，失去弹性而加速松弛，从而使细胞角化加快而衰老。同时也使身体内分泌功能失调，生理状态及新陈代谢发生异常，疾病也随之而来。性格不稳定的人，面容大多比实际年龄看起来要老得多。云想衣裳花想容，爱美的人想留住自己美丽的容颜，须保持平和的心态，不轻易动怒无疑也是一剂良方。

要想正确处理生气这种情绪，应该先找到生气的根源。一般来说，生气有难易之分。一个人是否容易生气，要看他宽容的标准，也就是你胸怀的大小决定你生气的大小。动不动就生气的人，是因为他的信念系统和价值系统认同的范围太窄，所以别人或他自己的一些行为很容易触犯他的准则，使他不高兴，于是就生气。其实别人可能根本就没有做错什么。当然别人做没做错也正是根据他的信念系统来评估的，所以别人的对错也没有客观标准，完全在于接受方的评价。人之美，有三个层次，一是美丽，二是魅力，三是心境。人的成熟，更多显现在宽容豁达、气定神闲的心境中。

另外，不容易生气的人除了拥有比较宽容的信念系统以外，还有一条直接避免生气的信念，那就是同理心，即将心比心。虽然他不赞同别人的意见或行为，但他能理解。如果能做到这一点，生气的次数大概要减少80%。还有一条最厉害的信念可以将生气降到最低限度，那就是当别人的行为你不能赞同，也不能表示理解，可以说你认定他完全错误时，要告诫自己：生气就是拿别人的错误来惩罚自己。有了这一条，你想生气都难了。

一对小姐妹看起来与其他人并无不同。不过姐姐看似文文静静，其实脾气却异常火爆。比如一起买东西时，姐姐经常教育妹妹："你是笨蛋吗？这块肉看色泽就已经不新鲜了"，或者"你是白痴呀，这个牌子的薯片明明在打特价，还要拿那个"，更狠的还有"你这只猪，金额超过了，你不会算吗"。

挨骂的妹妹居然一声不吭，任由姐姐骂去，依然气定神闲地挑选商品，丝毫不受影响。

有一天妹妹一个人来到店里，店员按捺不住自己的好奇心，便和妹妹聊起天来。

"今天怎么一个人来？"店员问。

"姐姐去参加合唱团了。"妹妹一边挑商品一边回答。

"我觉得你姐姐好凶啊！"店员试探性地表示。

"还好啦，她就是这样的脾气！不理她就是。"妹妹在卖场逛着，神情相当愉快。

"可是她每天骂你，你不生气吗？"店员好奇地问。

"爱生气的人是她又不是我，而且被骂一下又不会痛。"妹妹微笑着对店员说。

我们只能用小女孩大智慧来形容这个可爱的妹妹了。小小年纪就有如此平和豁达的心态。所以还是那句行话：生气是一种态度，是一种选择，全在于你愿不愿意，于他人无关。千万别说是谁惹了你，是谁令你生气，生气完全是你自己要的、自己选的。

# 参考文献

[1]施琰博 . 克制力：最深沉的智慧，最伟大的力量[M]. 北京：中国华侨出版社，2014.

[2]戴尔・卡耐基 . 人性的弱点[M]. 天津：天津人民出版社，2014.

[3]刘船洋 . 反本能2：如何对抗人性弱点[M]. 成都：天地出版社，2019.

[4]曾仕强 . 人性的奥秘——曾仕强谈人性的弱点[M]. 北京：北京联合出版公司，2014.